奇葩兵器圖鑑

世界兵器史研究會

楓樹林

前言

有戰爭的地方就會出現怪兵器!?

兵器與戰爭的關係可說是切也切不斷。自從人類出現以來，就有各種各樣的人會想出各式各樣的兵器。

在這當中，還會出現

「這是啥鬼!?」

「到底為什麼會做成這樣啦!?」

諸如此類的怪兵器，堪稱「奇葩兵器」的也所在多有。

只要多想一想，就會明白一定會失敗，但這些兵器卻還是被做了出來。

為什麼都沒人出言阻止呢？
到底為什麼會變成這種樣子呢？
「喂，你認真的嗎!?」

雖然很想這樣吐槽，但當時的人們卻是很認真在做這些東西的。

此書列舉的各種「奇葩兵器」，都是未能在歷史上留名，只能自怨自艾的怪兵器。

就請大家以溫柔的目光好好看待它們吧。

戰車的誕生

兵器的研製，本身就是一項挑戰！

時間來到第一次世界大戰（1914～1918）。這場大戰出現可以高速發射槍彈的機槍，因此，士兵會挖掘一種稱為「戰壕」的狹長壕溝，藉此藏身於地面下方。如果士兵想要對敵發動攻擊，就會立刻被架設於戰壕的機槍擊中，很難往前推進。

為了打破這種狀況，世界各國想出了各式各樣的兵器，但性能都不足以解決問題。後來，英國想出的「戰車」這項兵器，在此兵器研製競賽中脫穎而出，讓戰爭形態發生大幅轉變。

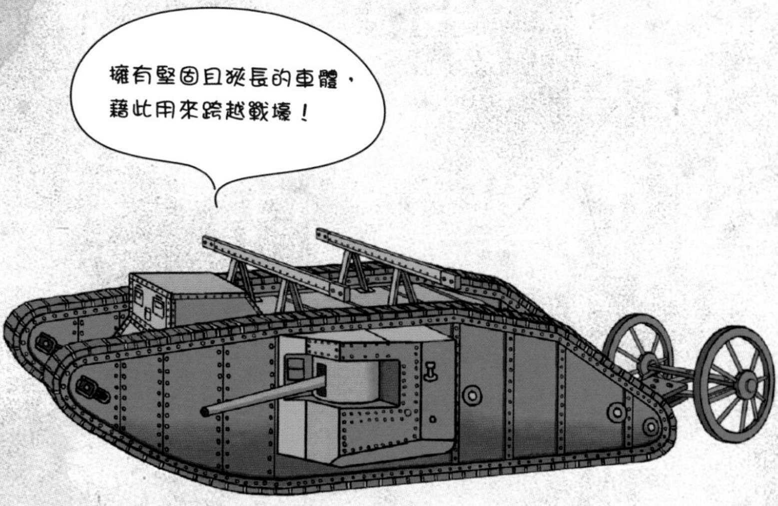
擁有堅固且狹長的車體，
藉此用來跨越戰壕！

馬克I戰車

小檔案

■研　製……英國　■年　代……1916年　■全　長……9.9m
■最高速度……5.95km/h　■武　裝……57mm砲

世界第一款戰車，是為了突破戰壕，讓戰爭朝向有利方向發展而誕生的。為了跨越地面的壕溝，車體做成狹長菱形，並藉由履帶緩慢前進。事實上，這款戰車因為車體太長，有著難以轉彎的缺點，一開始甚至不在後面裝上輪子便無法轉彎。

航艦的誕生

把不同領域的兵器，以意想不到的形式合而為一

飛機成功飛上天空，是從1903年的飛行者一號開始的。到了第一次世界大戰時期，飛機變成一項備受矚目的新型兵器，開始發揮各種功用。

在這當中，就有人試著把飛機放到軍艦上面去，變成所謂的「航空母艦」（航艦）。把海上的軍艦與天上的飛機兩種完全不同領域兵器合而為一，在第二次世界大戰（1939～1945）大展身手。航艦即便是在現代，也仍舊是海軍強盛的象徵。

只要是在海上，
都能放出飛機！
這樣真是太方便了！

傑拉德・R・福特級航空母艦

小檔案

■研　製……美國　■年　代……2017年～現代　■全　長……333.0m
■全　寬……41.0m　■速　率……30節

這是美國的最新航艦，可對應現代戰爭，作為艦隊核心執行作戰。它可搭載包括F-35在內的75架飛機，據說將來還會裝上雷射砲。

匿蹤飛機的誕生

兵器會與時俱進大幅改變形態與樣貌

兵器隨著時代進步，會陸續改變形態。其中一個例子就是具有匿蹤能力的飛機。匿蹤機是一種難以被雷達探測的飛機，它最注重的就是如何避免被對手發現，因此形狀會與一般飛機大異其趣。最具代表性的匿蹤飛機，就是B－2轟炸機，這款飛機的形狀宛若一隻巨大的魟魚，扁平且沒有尾翼。這種形狀雖然會影響飛行穩定性，但只要透過最新的電腦進行機體操控，便能發揮穩定性能。可見隨著技術進步，兵器也會跟著進化。

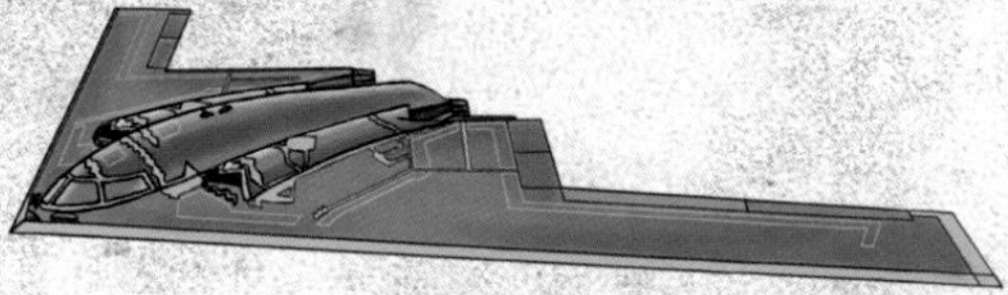

小檔案

■研　製……美國

■年　代……1997年～現代

B-2「精神式」轟炸機

美國研製的匿蹤轟炸機，是世界唯一實用化的無尾翼「全翼機」。它可在內部掛載大量炸彈，飛至目標上空將其投下。由於它的生產成本相當昂貴，因此只有製造21架。

時代一旦改變，
兵器展現的樣貌
也會跟著改變喔！

小檔案

■研　製……美國

■年　代……2010年～現代

F-35「閃電Ⅱ式」戰鬥機

世界最新的匿蹤戰鬥機，兼具戰鬥機與轟炸機功能，是一款「多用途戰鬥機」。再過不久之後，軍隊使用的所有飛機，應該都會變成跟這款F-35一樣。最大速度為1.6馬赫。

第1章 奇葩發射兵器

第2章 奇葩移動兵器

第3章 奇葩陸地兵器

第4章 奇葩海上兵器

第5章 奇葩飛天兵器

第6章 奇葩生物兵器

第1章

奇葩
發射兵器

頭盔槍

開槍之前不先鍛鍊脖子就會暈過去

研製
美國

年代
1910年代

小檔案

■ 全長……不明　■ 武裝……不明

第一次世界大戰時有發明各式各樣的近代兵器，其中也包括這種怪兵器。**這款頭盔槍一如字面所述，是把槍與頭盔合而為一的奇葩兵器**。

這款頭盔是由美國的艾伯特・B・普蘭特設計的，特色是在頭盔頂端裝有槍械，而且附有瞄準具，可順著穿戴者的視線進行瞄準，非常方便。

它的射擊方式很簡單，會從頭盔拉出一條細管含進嘴裡，只要吹口氣就行了。吹入管子的空氣會透過相關機制自動擊發子彈。

只要使用這款頭盔，就能準確命中目標。轉頭看向目標，就等於舉槍瞄準一樣。然而，這樣的設計卻有個致命缺點，那就是**槍枝射擊時的衝擊力道會直接傳至頸部，必定會使脖子受傷**。所以，這款兵器就沒有真的付諸實用。

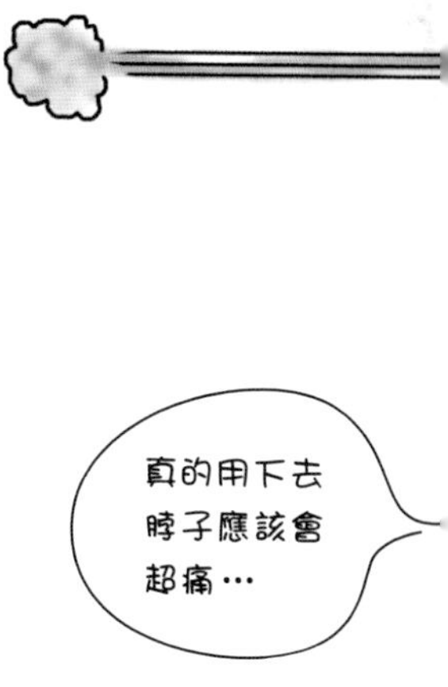
真的用下去
脖子應該會
超痛…

矽藻土炸藥砲

不使用火藥就能擊發這點算是還不錯

由於效果差強人意，因此沒有流行起來…

阿弗雷德・諾貝爾

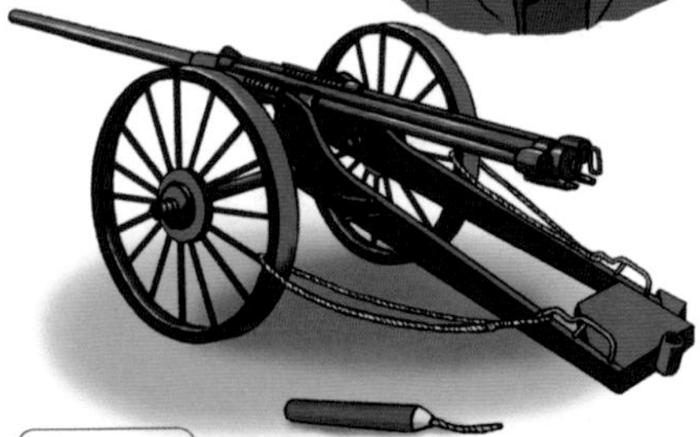

小檔案

■全　長……4.3m　■武　裝……6.4cm矽藻土炸藥彈

■重　量……450kg

研製　美國

年代　19世紀

19世紀，諾貝爾獎的起源阿弗雷德・諾貝爾成功研製具有強大爆炸威力的矽藻土炸藥。**美國則把矽藻土炸藥做成砲彈，推出一種「矽藻土炸藥砲」**。由於矽藻土炸藥只要受到一點衝擊就會爆炸，因此就不用火藥推進砲彈，而是透過壓縮空氣來擊發。

雖然它是一款備受期待能夠改變歷史的兵器，但由於擊發方式太過特別，砲彈飛不了多遠，威力也很弱，因此表現沒有太亮眼。

奇葩度

布魯斯特防彈護甲

雖然可以擋下子彈，但實在是太笨重了

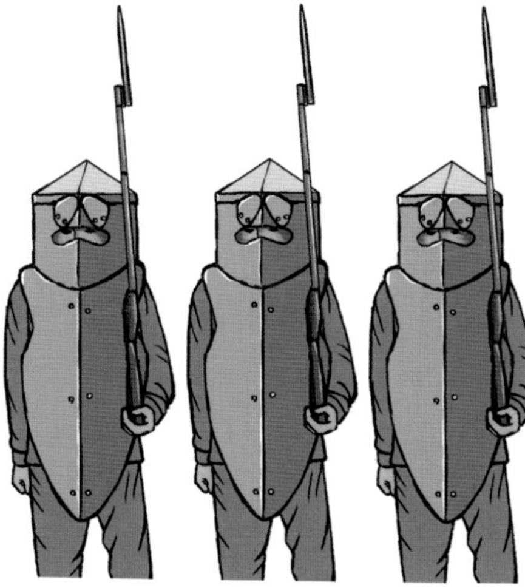

小檔案

■重　量……18kg　■材　質……鎳鉻鋼

研製 美國

年代 19世紀

第一次世界大戰時期出現了機槍，使得戰爭形態產生大幅轉變。為了對抗可以迅速發射大量子彈的機槍，美國想到可以讓人穿上厚重鎧甲，因此打造出這款布魯斯特防彈護甲。

由於這款護甲是以鋼材製成，因此問題在於重量——**居然重達18kg！穿上之後根本很難活動，所以只停留在試製階段**。如果真的投入實用，身穿這種護甲在戰場上作戰的光景，看起來應該會很超乎現實。

臭屁炸彈

讓敵人去找是誰偷放屁，藉此讓他們起內鬨

只是很臭而已，
根本沒有意義…

小檔案

■全　長……不明
■武　裝……聞起來像臭屁的特殊瓦斯

研製　美國
年代　1990年代

一般來講，打仗都是靠軍隊打倒對手，但更聰明的戰法則是在打仗前就讓敵方失去鬥志，藉此不戰而屈人之兵。因此而想出的點子就是——

「在敵軍陣地散布臭屁味，讓他們去吵到底是誰在放屁」這種奇葩炸彈，通稱「臭屁炸彈」。

這種炸彈在1990年代曾實際研究過，但最後宣告中止。由於**全世界都知道臭屁是什麼味道，因此根本就不會想到這是來自敵方的攻擊**。

奇葩度

イ號一型乙無線導引炸彈

這傢伙是誰導航的……飛進女浴池的導引炸彈

女
湯
性能其實
還不差的說…

小檔案

- 全　長……40.9m
- 最大速度……不明
- 重　量……680kg
- 炸藥量……300kg

研製 日本
年代 1944年

這種導引炸彈算是飛彈的先驅之一，它會由飛機投放，靠飛行員以手動導引飛至目標後爆炸。

第二次世界大戰時期，世界各國都有進行這種研究。首先成功實用化的是德國，至於日本的研究方案之一，則是這款イ號一型乙無線導引炸彈。

然而在測試飛行時，**自飛機投放後卻失去控制，直接命中溫泉旅館的女性浴池**。雖然研製工作在戰爭結束前仍持續進行，但最終沒有投入實用。

拉貢達對空噴火器

對著飛機噴火也噴不到啦

研製：英國
年代：1940年代

噴火器是一種對著地面目標噴射火焰的兵器，但**卻有個國家想到要讓噴火器向上發射**，那個國家就是英國。

在英國製造的防空兵器當中，有一款稱為拉貢達的裝置。它能向上噴出火柱攻擊敵機，藉此讓飛機著火墜落，研製於第二次世界大戰期間。

然而，要讓火焰噴到高速飛在天上的飛機談何容易，最多只能噴射90m，**根本無法命中目標飛機**。

即使真的燒到飛機，那也不過是轉瞬之間的事情，根本不足以讓飛機著火（只會讓飛行員嚇一跳）。

除此之外，一旦向上噴射火焰，火花還會飄落地面，**可能會燒到友軍**，是款相當危險的兵器。

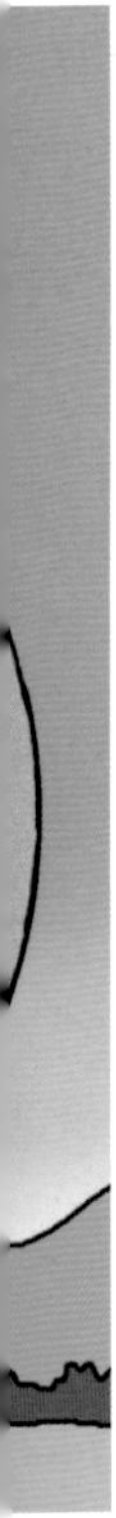

小檔案

■ 噴射距離……91m ■ 燃 料……約2噸

怪力光線Z

用電子之力微波煮熟敵人

研製
日本

年代
1940年代

常在科幻作品裡出現的雷射光等兵器，其實太平洋戰爭時期的日本就曾經研發過。

它們稱作「Z兵器」，為了讓戰爭朝向有利方向發展，於神奈川縣川崎市的陸軍登戶研究所進行研究，其中特別有名的就是「怪力光線」。

它是一種可以朝向目標發射微波，藉此加熱摧毀目標的恐怖兵器。其**原理基本上跟微波爐相同，可以把敵軍士兵微波加熱**。

雖然在實驗當中，有成功把數公尺外的目標加熱，但卻沒有實用化。

時至今日
依舊是款充滿謎團
的兵器…

小檔案

■全　長……不明　■武　裝……微波

風力砲

飛機撞到空氣應該就會掉下來

小檔案

■全　長……10.7m　■武　裝……壓縮空氣

研製　德國

年代　1940年代

二戰後半，德國為了對抗盟軍攻擊，陸續推出噴射機與飛彈等「最新兵器」。同時，也會想辦法做出一些不太會消耗資源的低成本兵器。

這款空氣砲是靠一根細長的管子將壓縮空氣猛然吹向天空，**用眼睛看不見的空氣砲彈衝擊敵機，藉此把它打下來**。由於砲彈是空氣，所以非常環保，而且對手也看不見砲彈，被賦予相當期待。然而，這種空氣砲彈還是沒辦法擊落敵機，根本派不上用場。

奇葩度

鴨掌手槍

一次可以撂倒4人，但卻打不到正前方

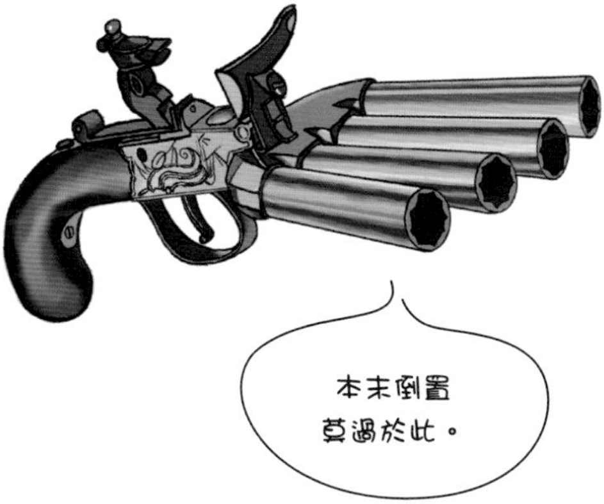

小檔案

■全　長……1m以內　■武　裝……手槍彈×4

研製：英國 美國

年代：18世紀～19世紀

俗話說**「即便槍法不準，槍林彈雨總會歪打正著」**，意思是就算準頭再差，多開幾槍總有機會中個幾發。古早的手槍，就曾依據這種想法，出現一種奇葩設計，稱為「鴨掌手槍」。這款手槍有4根槍管，每次開槍會朝4個方向同時射出子彈，能有效撂倒敵人。

然而，這款手槍卻沒有一根槍管是朝向正面，因此**就算正對敵人也無法打中，真是一款蠢到不行的手槍**。

氣球炸彈

裝上炸彈之後便隨風而去

研製 日本

年代 1940年代

就算這副德性，
但是真的有戰果！

小檔案

- 全　長……35m
- 飛行高度……最大12,000m
- 炸彈酬載量……15kg
- 飛行時間……70小時

氣球炸彈是太平洋戰爭時期日本為了攻擊美國而研製的兵器。

這款兵器是把炸彈掛在氣球上，放飛之後氣球就會順著風橫越太平洋，飄到遙遠的美國之後落地爆炸。

不管氣球炸彈是不是真的能夠飄到美國去，由於它是**日本唯一可以直接攻擊美國的兵器**，因此備受期待，曾大量生產。**氣球的材料只有蒟蒻糨糊與和紙**，優點是成本低廉且能迅速製造。有鑑於此，許多女學生便有參與製造工作。

這款兵器在戰爭結束前共施放了９０００發，靠著高空強大的偏西風，據說有１０００發真的飄到了美國。雖然造成的損失僅有山林火災，但卻令美國直到最後都得必須警戒氣球炸彈。它既無法被雷達探測，也不會發出聲響，因此相當恐怖。

曲射槍

想要打轉角後面的敵人

小檔案

■原　型……StG44突擊槍　■壽　命……約150發

研製：德國
年代：1940年代

在這世上，有一種槍管末端彎曲的槍械，那就是德國的曲射槍。

這款槍械是為了用來躲在掩蔽物或轉角後方伸出槍管攻擊而研製，雖然出發點還不錯，但卻有著許多問題。

首先，由於槍管末端是硬被掰彎，因此**子彈無法順利直進飛行**。有鑑於此，即便瞄準敵人，也很難命中。此外，它也**很容易損壞，打個150發就差不多會故障**，根本就撐不了多久。

第2章

奇葩
移動兵器

摩托偵察車

世界首款裝甲車是輛腳踏車

研製
英國

年代
1898年

今日眾人習以為常滿街騎的腳踏車，是在19世紀由美國將之實用化，並普及至全世界的。腳踏車在當時仍屬時髦玩意兒，因此，就會有人想說「這如果裝上武器，應該會很強吧」。

因此而誕生的就是摩托偵察車，它是世界首款裝甲車，1898年由英國發明家弗雷德里克・西姆斯研製而成。雖說是裝甲車，但它與現代那種裝甲車不同，只是在四輪車上裝設機槍，搭配簡易引擎構成。**它在座椅前方裝有機槍，並且加上簡易擋板，用以抵擋敵人攻擊**。雖然看起來很簡陋，但它對第一次世界大戰以降的兵器機械化卻有帶來很大的貢獻。

小檔案

■全　長……約2m　■武　裝……7.7mm馬克沁機槍×1
■行駛距離……193km　■載彈量……1,000發

風力裝甲車

要在沙漠上跑，但卻很怕沙子是怎樣

研製　英國

年代　1910年代

第一次世界大戰時期，非洲的遼闊沙漠也成為戰場。雖然**身為汽車先進國的英國，比其他國家率先推出裝甲車**，但由於當時的汽車既沒有適合在沙地上奔馳的越野車輪，引擎馬力也不夠強大，因此送往非洲的裝甲車要在沙漠中行駛可是吃盡了苦頭。

為了解決這個問題，英國**居然想到要把飛機用的螺旋槳與引擎裝在車上，靠風力**

為什麼都沒人想到
要把引擎罩起來呢？

小檔案

■全　長……4.3m　■武　裝……7.7mm機槍×1

■全　高……2m

吹跑沙子，讓裝甲車往前邁進，由此概念做出這款風力裝甲車。

然而，光看這輛車的外觀就知道，最重要的螺旋槳與引擎居然整個露在外面，只要引擎進沙，馬上就會故障。雖然不知道為什麼都沒人想到要把引擎遮起來，總而言之它就是一款**完全失敗的兵器**。

弗羅特・拉夫利

雖說時間不夠，但武器居然是用畫的……

研製 法國

年代 1915年

戰車的研製，是導因於第一次世界大戰的壕溝戰。為了突破難以穿越的戰壕，各國都在暗地裡偷偷研發戰車。由法國研製的弗羅特・拉夫利，就是最早期的戰車之一。

這款戰車的特徵在於宛若一堵牆壁的細長車體，依據

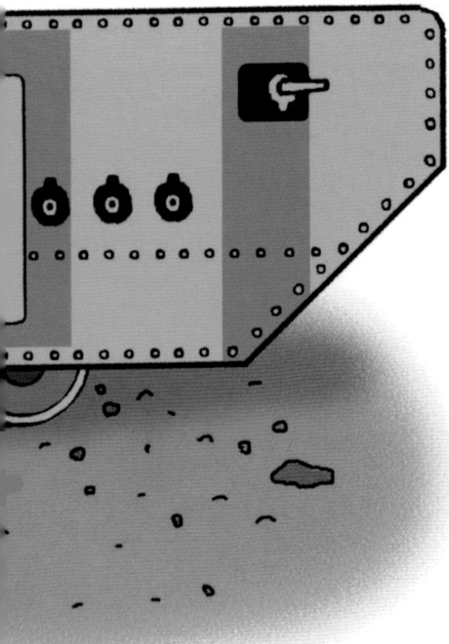

小檔案

- 全　長……7m
- 最大速度……3～5km/h
- 全　高……2.3m
- 武　裝……機槍×4

計畫，前後會裝上4挺機槍，左右則各配備2門大砲、6挺機槍，照理來說應該會是一款很強的戰車。

然而，由於這款戰車的研製時程實在太過匆促，因此根本來不及裝上武器。弗羅特・拉夫利在公開測試行駛時，**只在左右車體的側面「畫」上幾可亂真的大砲與機槍**，而實際配備的武裝只有車體前後的機槍。由於看起來就很假、性能也實在不怎麼樣，當然也未獲採用。

由於太過龐大，
根本無法爬坡…

米德加德大蛇

德國妄想催生出的超長戰車

研製
德國

年代
1930年代

如果能有一款**靠著鑽頭在地表、水中、地下任意挺進的戰車**，那該有多好……。對於這種妄想，德國可是有認真考慮過。

若想做出一款可以用鑽頭在地底移動的兵器，那麼它的車體強度就必須得要能夠承受鑽頭帶來的衝擊力道。德國為了

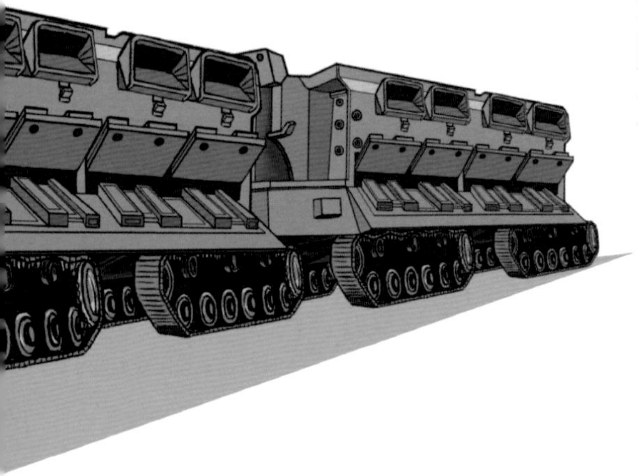

小檔案

■全　長……524m
■乘　員……30名
■速　度……地面／水中30km/h，地下10km/h

解決這個問題，想說要把**27輛戰車串成1列，成品形象宛若一條大蛇**。

這款連結戰車取名為「米德加德大蛇」，這是北歐神話耶夢加得大蛇的別名，其實也曾打造出原型車，並且進行測試。如果全部完成，它將會是一款全長524m、總重達到6萬噸的超巨大兵器。由於實在太過異想天開，因此研製工作很快就宣告停止。

只要裝上鑽頭，
就能所向無敵？

80cm列車砲

最大最強的列車砲因為太過巨大，只是個靶子

研製 德國

年代 1940年代

在過去的戰爭當中，有出現過一種稱為列車砲的兵器。這是**把巨大的大砲裝在列車上，然後把鐵軌鋪設到戰場，藉此將火砲運至前線攻擊敵方據點的兵器**。

其中，德國曾經做出世界最大的列車砲，完成2列口徑達到80cm（砲口大到成人都可以爬進去）的列車砲。

為了移動這款巨大的兵器，必須鋪設4條鐵軌，乘員至少需要1400人。由於砲彈實在太過沉重，因此每小時只能射擊2、3發。然而，它的威力卻也非常巨大，擁有足以摧毀整座要塞的破壞力。

不過列車砲的共同特徵是很難抵擋空襲，特別若體積龐大，一旦飛機空襲根本沒有招架之力。為此，幾乎沒有機會派上用場，無法發揮太大作用。

要動得了我，
到底需要
多少人手呢？

小檔案

■全　長……47.3m　■武　裝……80cm列車砲×1

■全　高……11.6m　■人　員……4,000名以上（包含乘員）

潘加朱姆

難以操控的炸彈大車輪，甚至還會衝向自己人

研製 英國

年代 1940年代

潘加朱姆火箭車，是**由英國所研製的自走炸彈**。

這是一款用來衝入敵軍碉堡，並且加以爆破的拋棄式兵器，由兩個巨大車輪夾著裝滿炸藥的本體構成，靠著裝在車輪上的火箭馬達推動輪子向前滾進。

實際測試時，由於火箭推力並不平均，因此讓它無法順利前進，不僅容易翻倒，**有時甚至還會突然改變行進方向，往友軍陣地衝去。由於實在是太難掌控，因此未獲採用**。

也因為它的外觀實在是太過衝擊，時至今日已成廣為人知的怪兵器之王。

小檔案

■直　徑……3m　■炸藥酬載量……1.8噸
■時　速……100km/h（計畫）

歌利亞

電線被切斷就完蛋的遙控炸彈

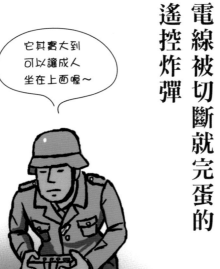

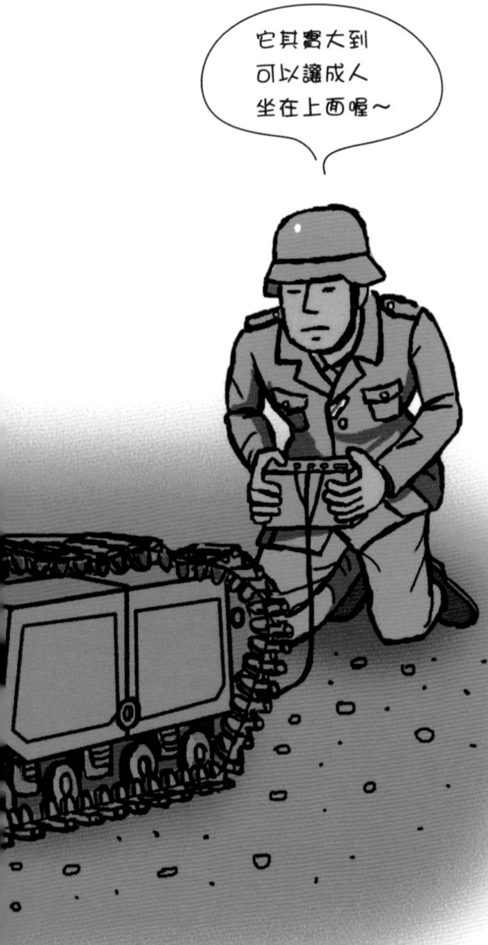
它其實大到可以讓成人坐在上面喔～

研製
德國

年代
1944年

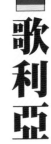

歌利亞是第二次世界大戰期間德國研製的**遙控炸彈**。士兵可以躲在遠處遙控操作，讓它跑到敵軍碉堡或戰車底下進行爆破。

然而，這款兵器的遙控器與本體之間卻得依靠電線連接，因此只要敵軍切斷電線，它就動彈不得了。除此之外，它的本體也不太耐受衝擊，在戰場上很常發生走到一半就故障的窘況，根本無「用武」之地。**雖然發想本身是還不錯，但歌利亞仍成為因技術問題導致失敗的最佳代表兵器**。

小檔案　※歌利亞V型的數據

■全　長……1.6m　■行駛距離……6～12km
■最大速度……11.5km/h　■最大酬載量……100kg

要塞破壞兵器雙簧管

壓爛整個城鎮的超巨大橄欖球

真有這種兵器的話
誰受的了啊！

研製　俄羅斯帝國

年代　1910年代

小檔案

- 全　長……600m
- 乘　員……數百人
- 最高速度……500km/h

如果說有一種**世界最強兵器**，那它會是什麼樣子呢？發明中特別奇葩的，則是俄羅斯在第一次世界大戰期間妄想出的要塞破壞兵器雙簧管。

這是一款**全長600m、最大速度500km/h的球體**，可以把所有東西都壓爛，實在是非常不得了。它就像是一顆尺寸幾乎等同東京晴空塔的巨大橄欖球，以近似超電導磁浮列車的速度滾來滾去。由於實在太過荒誕，因此計畫旋即中止。

第3章

奇葩陸地兵器

超重戰車鼠式

史上最強的戰車因為太重所以會壓壞道路

研製
德國
年代
1944年

只要造出比對手還強的戰車，就能有利戰爭走向。德國對此發想追求極致，於第二次世界大戰期間造出世界最大的戰車，也就是鼠式戰車。

鼠式的主砲為128㎜砲，裝甲最大厚度達到240㎜。不論是當時抑或是今日，具備此等火力與防護力的戰車都絕無僅有，**當時並無任何戰車可以打倒鼠式**。

然而，鼠式雖然如此強大，但它的重量卻也非常驚人，居然達到188噸（大約相當於188輛普通小汽車）。如果這款戰車真的行駛上路，就會**因為過重而壓毀**

雖然很強，
但光只有強
卻是不行的。

道路，甚至讓戰車本體陷入地面動彈不得。有鑑於此，最後鼠式就只有試製2輛便告中止。

另外，之所以將它命名為「鼠式」，據說是為了隱藏這款戰車的強大，避免被敵人知曉，因此才會用小動物取名掩人耳目，讓敵人以為它是一款不怎麼樣的戰車。

小檔案

■全　長……10.1m　■最大裝甲……240mm
■重　量……188噸　■武　裝……128mm戰車砲×1、75mm戰車砲×1

AMX40

真不愧是法國！連戰車都很重視時尚？

研製 法國

年代 1940年

AMX40是法國在第二次世界大戰爆發前夕設計的戰車。

為了提升戰車的防護力，有時會把車體形狀做成圓弧形。即便被敵方砲彈命中，也會把砲彈彈開，不會輕易遭到擊毀。

法國相當重視這點，如果不論底盤還是砲塔，全部都做成圓弧形的話，應該就能變成一款很強的戰車吧？依此計畫而成的，就是AMX40戰車。

雖然這樣的發想是還不錯，但實際設計之後卻發現，它會變成一款**看起來很像鴨子的詭異戰車**。

雖然法國有想要量產這款戰車，但由於他們在第二次世界大戰時很快就對德國投降，因此沒能實際生產。

小檔案

■全　長……5.33m　■最大裝甲……60mm

■重　量……18噸　■武　裝……47mm戰車砲×1、7.5mm機槍×2

螳螂式

因為乘員會暈車，所以派不上用場……

研製 英國

年代 1944年

要讓物體飛得遠，從高處讓它飛就能飛得比較遠。戰車也是如此，從比較高的位置發射砲彈，就能讓砲彈射程變得比較長。

雖說如此，若把戰車整體的高度加高，就會變成明顯的標靶。英國因此想出一種平時保持低矮姿態，一到用時才把車體升起發動攻擊的戰車。

這款戰車取名為「Praying Mantis」，意思是螳螂。其車體最高可以舉升至8.6m，看起來就像是螳螂一樣，因此而得名。**車體前端有配置人員以俯臥方式操作機槍**，藉此攻擊敵人。由於這種姿勢很不自然，且車體搖晃晃很不穩定，因此**乘員很有可能會「暈戰車」**。最後根本就發揮不了什麼作用，因而中止研製。

小檔案

■全　長……4.5m	■最大速度……48km/h
■車　高……1.2m～8.6m	■武　裝……7.7mm機槍×2

骨架坦克

減肥減過頭，只剩下骨頭

研製
美國
年代
1918年

戰車於第一次世界大戰首次登場，為了跨越戰壕，車體會設計得比較長，導致戰車的重量形成問題。美國為了克服這個問題，研製出一款將馬克I盡量減輕重量，使它變得更為靈活的戰車。

為了減輕戰車的重量，就只能把武器和裝甲拿掉，讓它**盡量瘦身**。

竭盡所能減輕重量之後，車體就只剩下駕駛艙、砲塔、引擎，其他都是骨架，外側包則覆履帶，變成一款**空空洞洞的戰車**。

這款骨架坦克成功將重量減輕至馬克I戰車的4分之1，且性能也不差。然而，當這款戰車完成之時，第一次世界大戰已告結束，因此並未派上用場。

小檔案

■全　長……7.62m　■最大速度……8km/h
■重　量……7.26噸　■武　裝……37mm砲（或機槍）

TV-1

恐怖到不敢攻擊！裝上原子爐的戰車

TV-1是美國在1950年代設計的恐怖戰車。

仔細端詳這款戰車，會發現它的肚子部份異常腫脹。事實上，這裡面裝的居然是原子爐。也就是說，它的引擎就像是一座核能發電廠，以核子反應當作行駛動力來源。

研製：美國

年代：1950年代

圓滾滾的肚子
看起來
很迷人吧？

小檔案

■全　長……7.53m　■最大裝甲……120mm

■全　高……3.4m　■武　裝……90mm砲×1

為此，**這款戰車可以連續行駛超過500小時**，源源不絕的能量足以讓它馬不停蹄橫越美洲大陸。

雖然這款戰車簡直就是夢寐以求，但它卻有一個問題；其原子爐是直接裝在駕駛座前方，因此一旦遭受攻擊，原子爐就有可能被摧毀，是它最大的致命傷。

由於這個問題太過要命，因此這個案子就停止研製。

TV-8

砲塔才是重點！底盤是消耗品的異形戰車

研製　美國

年代　1950年代

在戰車當中，有一些是可以**在水面浮航、渡過河川的兩棲戰車**，TV-8就是其中一款。

這型戰車的特徵在於，它把除了行駛之外的功能全部都裝進砲塔內部，包括乘員、主砲、引擎等，所有戰車所需的功能通通都塞進砲塔，讓它能夠浮在水面上。因此，它的砲塔就比一般戰車大上許多，而且還拉得很長。

腳那種東西只不過是裝飾啊！

相對於體積龐大的砲塔，它的底盤看起來就很乾癟。底盤只有裝上履帶，如有必要還能切離。也就是說，**這款戰車的底盤是用後即丟的消耗品**。除此之外，它的引擎與TV-1一樣，預定要使用原子爐，但由於這實在不適合當作兵器使用，因此便中止研發。

小檔案

■全　長……8.9m　■重　量……25噸
■全　高……2.9m　■武　裝……90mm砲×1

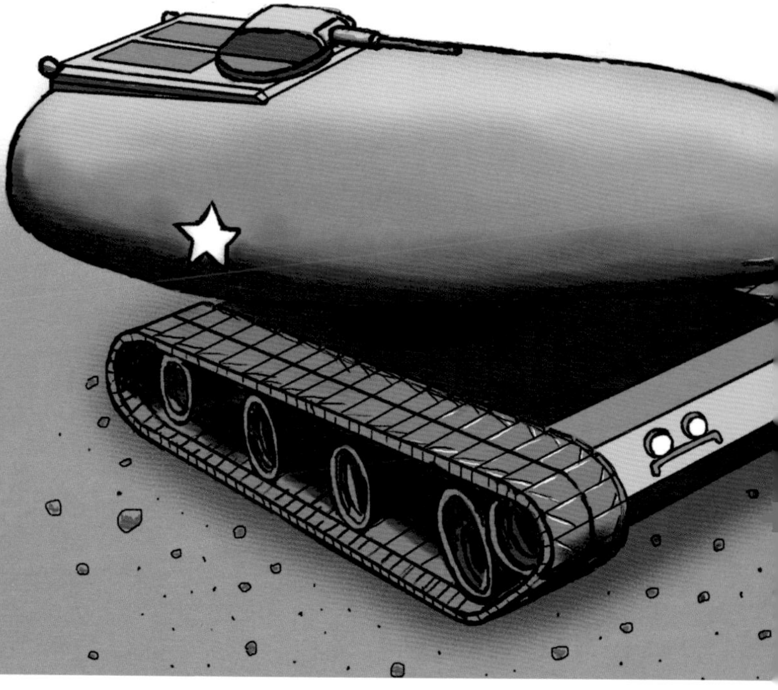

達文西的圓形戰車

即便裝了一堆大砲，但卻無法往前進

研製　義大利

年代　1500年代

李奧納多・達文西

名畫《蒙娜麗莎》

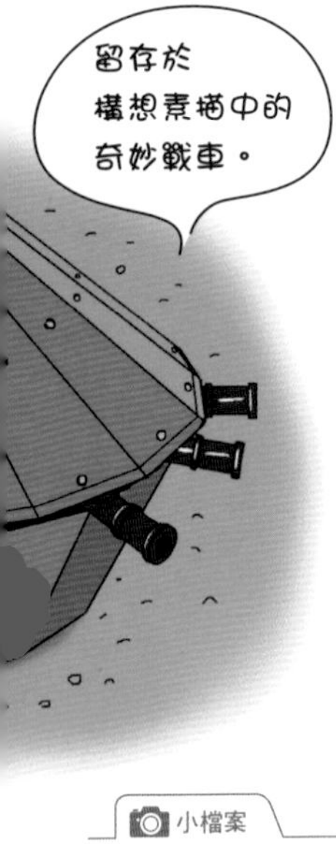
留存於
構想素描中的
奇妙戰車。

小檔案

■分　類……裝甲車　■武　裝……不明

■全　長……不明

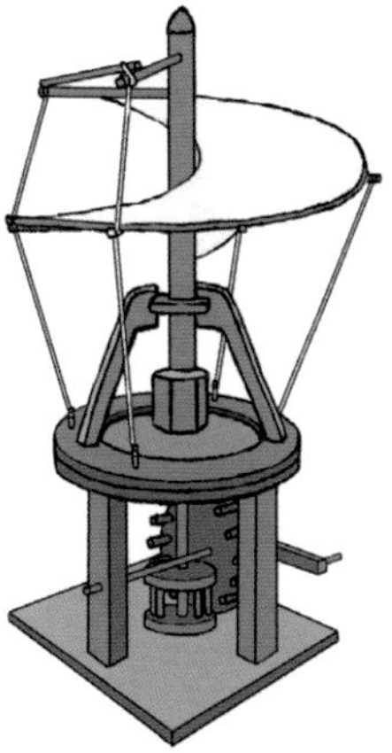

直升機的原理

義大利最具代表性的**天才畫家李奧納多達文西同時也是位發明家，留下許多兵器構想方案，這款戰車便是其中之一**。他想出的圓形戰車看起來有如1架UFO，在圓周上配置許多大砲，看起來好像很厲害。車體有金屬板包覆，可以抵擋敵人攻擊，頂端還有設置瞭望台。

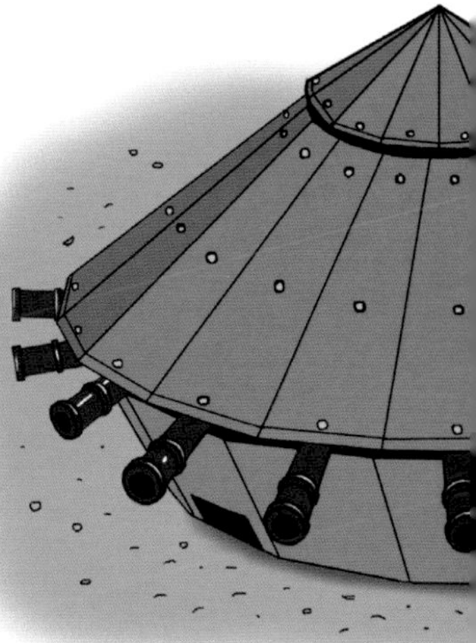

然而，這款戰車其實有個重大缺陷。它雖然裝有4個輪子，但**當時既沒有電力，也沒有引擎，因此必須依靠8名壯漢轉動車輪才能行駛**。

除此之外，它在設計上還有個致命錯誤。如果真的能夠打造出來，卻會因為構造的關係無法向前行駛，只能倒退嚕。

路易・布瓦羅的戰車

超早期的「戰車」是履帶怪物

研製 法國

年代 1910年代

戰車誕生於第一次世界大戰期間，而其「生父」之一，便是法國工程師路易・布瓦羅博士。他所提出的點子，看起來實在是很讓人吃驚。

「在車體外周裝上巨大的鐵製框架，並讓它喀噠喀噠地轉，不就能夠壓毀建築物或敵軍陣地了嗎？」

布瓦羅博士如此作想，而這也是前所未見的發想。

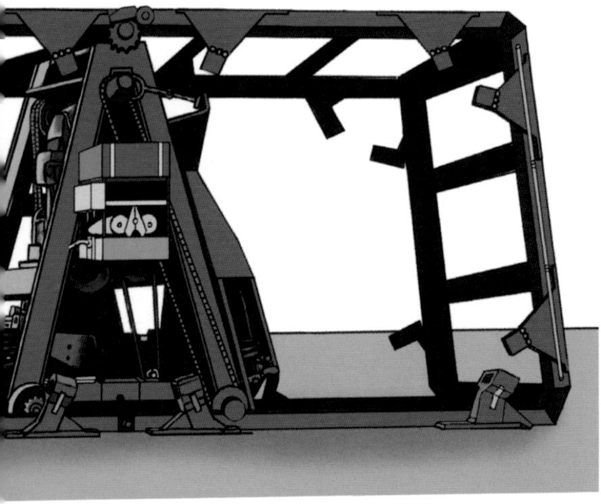

然而，實際做出這款「看起來像戰車的兵器」之後，卻發現它實在是一點路用都沒有。

車體位於中央，裡面有駕駛座與引擎驅動上下兩端的滑輪，讓巨大的鐵架像履帶般轉動前進。然而實在是太過龐大，因此相當遲緩，時速只有3公里（比走路還慢），而且還沒辦法轉彎。雖然還有造出2號車，但時速又再慢了1公里，最後連同1號車一起被打入冷宮。

雖然這個點子很有創意，但要把這款「戰車」付諸實現，實過於強人所難。

小檔案

■全　長……8m　■最大速度……3km/h
■全　高……4m　■武　裝……無

射手式自走戰防砲

向後前進的車，實在有夠煩

研製：英國

年代：1943年

射手式自走戰防砲是英國於第二次世界大戰期間研製的一種戰車。

這款戰車裝有當時英國火力最

小檔案

■全　長……6.7m　■全　高……2.25m　■最高速度……32km/h
■武　裝……76.2mm 17磅砲、布倫7.7mm機槍×1

為強大的17磅砲，使用華倫泰步兵戰車的底盤。**由於底盤尺寸較小，主砲體積卻很龐大，因此只能勉強讓火砲以朝向後方的形式裝入底盤**。

如此一來，這款戰車就變成前後顛倒，想要往前開，卻會變成倒退嚕，實在是有夠煩。

然而，由於它較小的體積不易被敵人發現，因此在戰場上還是能夠發揮所長，透過伏擊方式立下一些功勞。

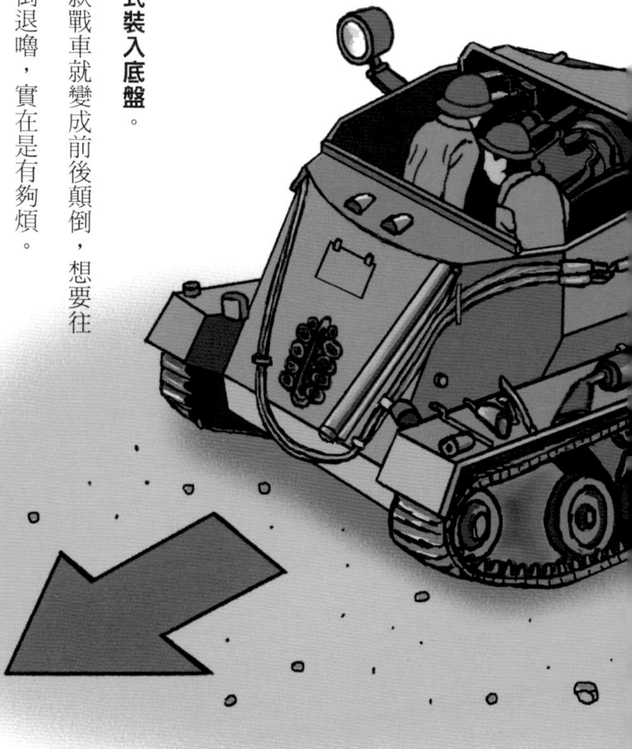

A-40 安托諾夫

運輸太麻煩了，乾脆讓戰車裝上翅膀

研製：蘇聯
年代：1940年代

戰車的種類當中，有一種叫做「空降戰車」。這類戰車能以運輸機空運，降落地面之後直接投入戰鬥。然而，蘇聯卻想說與其大費周章把戰車裝進運輸機，**還不如直接把戰車變成飛機比較快**。

蘇聯因此研製出一款名為A-40的飛天戰車，它是一種在T-60輕戰車上裝設大片主翼與尾翼，硬是把它變成滑翔機的怪兵器。這種飛天戰車可以藉由大型飛機拖曳，滑翔飛抵戰場，著陸之後只要切離機翼，就能迅速投入戰鬥。

然而，即便它再怎麼輕，戰車依舊是戰車。**要讓戰車自己飛上天，根本就是強人所難**，因此這個計畫只試飛過1次便告中止。

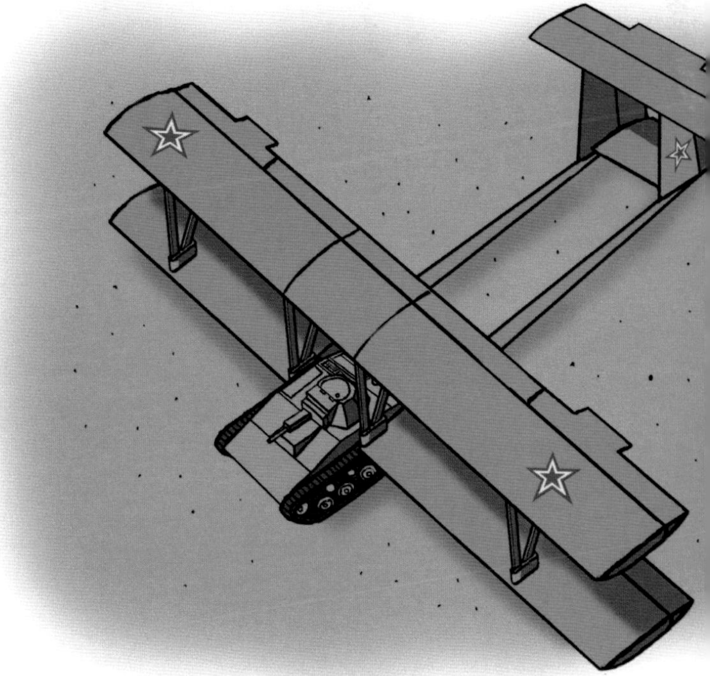

要讓戰車飛上天
實在是太
強人所難了…

小檔案

■全　長……12m　■重　量……7.8噸
■全　寬……18m　■武　裝……20mm戰車砲、DT 7.62mm機槍

P.1000巨鼠式

只有意象是世界最強的戰車

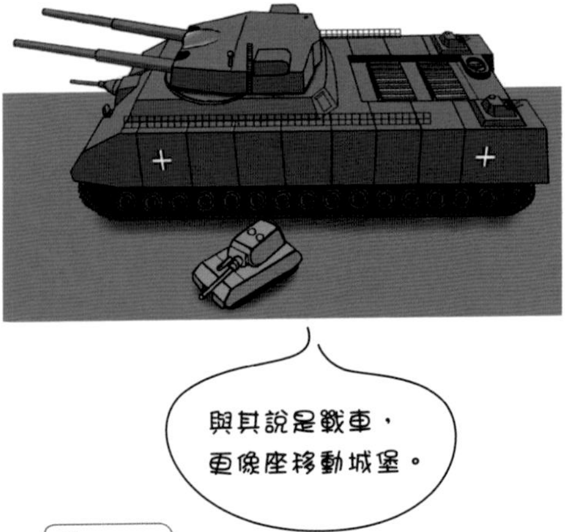
與其說是戰車，
更像座移動城堡。

研製：德國
年代：1940年代

小檔案

■全　長……35m　■重　量……1,000噸
■全　高……11m　■武　裝……280mm砲×2、128mm砲×1

二戰期間德國研製的超重戰車鼠式（若實際應用）曾是世界最強戰車。然而，如果要做出比鼠式更強的戰車，那又會是什麼樣子呢？德國曾經設計出一款超越所有地表戰車的設計，那就是P.1000巨鼠式。

直接裝上戰艦的主砲，**裝甲可抵擋超越戰車砲彈的攻擊，簡直無敵！**

然而，重量預估將達到1000噸，連鼠式都無法耐受自身重量，巨鼠式當然也沒皮條，計畫宣告中止。

奇葩度 ☹☹☹

P.1500怪物式

這種地表最強的感覺 幾乎已是癡人說夢

全身上下
通通很大的
怪物戰車！

小檔案

■全　長……42m　■重　量……1,500噸
■全　高……7m　■武　裝……80cm砲×1

研製 德國

年代 1940年代

P.1500怪物式是一款比巨鼠式還要強的終極超重戰車。

這款戰車是德國於第二次世界大戰期間構思的超重戰車當中尺寸最大者，同時也是最不可能實現的方案。

這款戰車的主砲採用的居然是那款80cm列車砲的超巨大火砲，也就是說**把80cm列車砲直接變成戰車！**

重量超越巨鼠式，達到1500噸（相當1500輛小轎車）。根本天方夜譚！計畫馬上就喊停。

鮑伯・森普爾

試著為拖拉機裝上薄薄鋼板

就算是這樣的
戰車也聊勝於無。

小檔案

- 全　長……4.2m
- 最大速度……12km/h
- 全　高……3.65m
- 武　裝……7.7mm機槍×6

研製　紐西蘭

年代　1942年

紐西蘭之前都是從英國那裡獲得戰車，但是當日本在第二次世界大戰期間進攻南太平洋時，他們也得趕緊做出自製戰車。

然而，當時的紐西蘭只是個小國，別說戰車，連汽車都做不出來。所謂戰車，**只是在拖拉機上裝掛薄薄的鋼板，然後安裝機槍而已**。這種東西也能打仗嗎……雖然會讓人如此作想，但由於日軍並未真的攻入紐西蘭，因此沒有參與實戰。

第4章

奇葩
海上兵器

重雷裝艦

太過貪心裝上一堆魚雷，不小心就會爆炸！

研製
日本

年代
1941年

小檔案

■全　長……162.2m ■排水量（標準）……5,100噸
■武　裝……61cm4聯裝魚雷發射管×10（合計40門）

以前日本有出現一種特化魚雷攻擊能力的船，稱為重雷裝艦。

所謂魚雷，是一種裝有炸藥與螺旋槳的細長形兵器，自軍艦投放後會在水中航行，擊中目標將之摧毀。一般的魚雷因為構造設計的關係，在水中航行時會產生許多氣泡，容易被敵人發現，但日本卻做出比較不會產生氣泡的改良型「氧氣魚雷」。

日本研製出這種魚雷之後，就想說要做出一種**能夠盡可能多裝一點魚雷，藉此以量取勝攻擊敵人的軍艦**。相對於一般軍艦每次攻擊只能發射3、4枚魚雷，這種軍艦一口氣最多可以發射40枚。

反過來看，也等同於在甲板上放滿了炸藥。也就是**只要稍微被機槍掃射，魚雷就有可能發生大爆炸，很容易就會被擊沉**。再加上第二次世界大戰的主角已經轉變為飛機，因此這種軍艦就沒什麼機會派上用場。

敵人對我來說
只不過是螻蟻！

伊400型潛艦

研製 日本
年代 1945年

想把飛機載到地球另一邊去

第二次世界大戰之前的潛艦，有些是可以搭載飛機的。但是為了在戰場上空執行偵察，並不一定是用來攻擊，而日本卻把這種運用方法進一步發展，研製出一款**可以在潛艦上搭載攻擊機的「潛水空母」**。

伊400型因此應運而生，它是當時世界最大的潛艦，耐航距離非常長，可以繞行地球1圈半。也就是說，**它可前往地球任何一個角落發動攻擊，且在攻擊之後還可直接返回日本**。它所搭載的飛機是特殊攻擊機「晴嵐」，可以掛載800kg大型炸彈。

伊400型潛艦預定使用晴嵐攻擊連結南北美洲大陸巴拿馬運河，總共建造了3艘，但完成之時已是第二次世界大戰末期的1945年，因此尚未能夠施展身手，戰爭便告結束。

小檔案

■全　長……122m
■排水量（標準）……3,530噸
■武　裝……14cm砲×1、53cm魚雷×20
■搭載機數……3架

50萬噸級戰艦

某一天，在夢裡造了艘大船

研製 日本

年代 1910年代

說起世界最大的戰艦，那就是日本建造的大和型戰艦。然而，日本在那之前卻還曾經設計過另外一種更大型的戰艦。

日本是從明治時代末期的1910年代開始自行建造戰艦（在那之前都是從英國等處購買戰艦）。

由於當時的日本並沒有技術、資金建造太多戰艦，因此便出現「比起建造25艘普通戰艦，還不如建造1艘超巨大戰艦」的想法。

在這種構想下出現的，就是50萬噸級戰艦。**這種戰艦的排水量高達50萬噸，全長超過600m，主砲搭載41cm砲200門以上，簡直就是怪物級戰艦**。當時的戰艦以配備8門41cm砲作為主流。

超巨大戰艦想必能打遍天下無敵手，但**時至今日，排水量超過50萬噸的船也只有少數液貨船而已，當時的日本完全沒有能力建造如此巨大的艦船**，因此只是癡人說夢罷了。

小檔案

■全　長……609m（或1017m）
■排水量……50萬噸以上
■武　裝……41cm砲×200以上、14cm砲×200、魚雷發射管×200

裡海怪物

擷取船與飛機的長處，但卻落得失敗

研製 蘇聯

年代 1970年代

船可以用送大量貨物，但速度比較慢；飛機雖然速度較快，但貨物載運量卻比較少。把船與飛機的長處結合在一起的兵器，就是蘇聯研製的裡海怪物。

這款兵器看起來像是一架飛機，但它其實是艘船，並有辦法飛上天去。取而代之的是，它能像氣墊船那樣，稍微離開水面的方式高速移

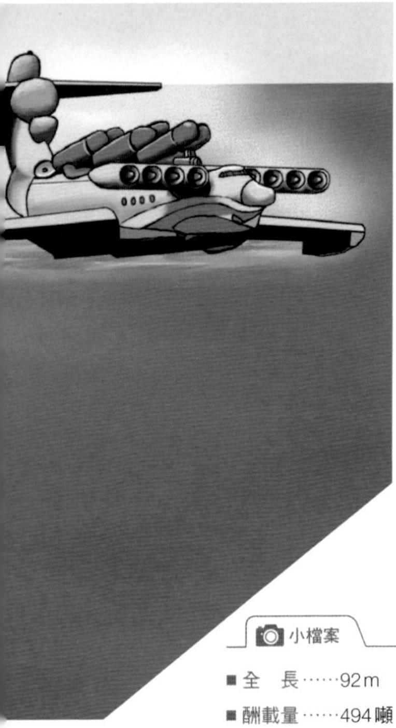

小檔案

- 全　長……92m
- 最大速度……500km/h
- 酬載量……494噸
- 武　裝……無

動。若以陸上動物為例，它就好比是鴕鳥。

蘇聯為了迅速運送大量士兵與戰車前往戰場，意圖活用這種形式的兵器。**打造完成之後，基於它的性能與樣貌，被取了「裡海怪物」的別稱**，令人望而生畏。

然而，時至今日，幾乎已經看不到這種兵器了。

因為必須具備專用港灣設備才有辦法運用，且船體強度也弱，如果波浪比較高，就會失去平衡而沉沒。

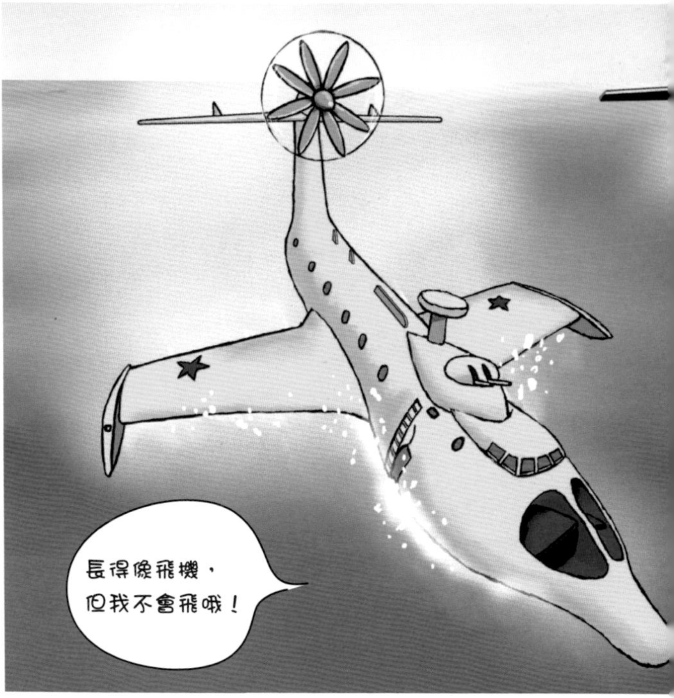
長得像飛機，
但我不會飛哦！

烏沙科夫的飛天潛艦

若能實現就太棒了的飛天潛艦

研製 蘇聯

年代 1930年代

在虛構的故事裡，可以在天空與海中自由移動的軍艦並不罕見。然而，在現實世界中，也確實有人想出這種軍艦。其中一個例子，就是「烏沙科夫的飛天潛艦」。

這是在1930年代由一位名為波里斯・M・烏沙科夫的工程師想出來的概念，將飛機與潛艦合而為一構成兵器。它看起來是一架裝有3副螺旋槳的大型飛機，但在座艙卻有一根潛望鏡往上伸出。它可依靠飛機特性飛至戰場，抵達戰場後則能比照潛艦遁入海中，並以魚雷攻擊敵艦。

然而，要把飛機與潛艦這兩種截然不同的兵器結合在一起，實在太強人所難了。

相對於飛機為了飛上天，必須想盡辦法減輕重量，潛艦為了潛入海中，卻得要有一定重量才行。

這個矛盾問題始終無法獲得解決，因此烏沙科夫的飛天潛艦計畫便告破局。

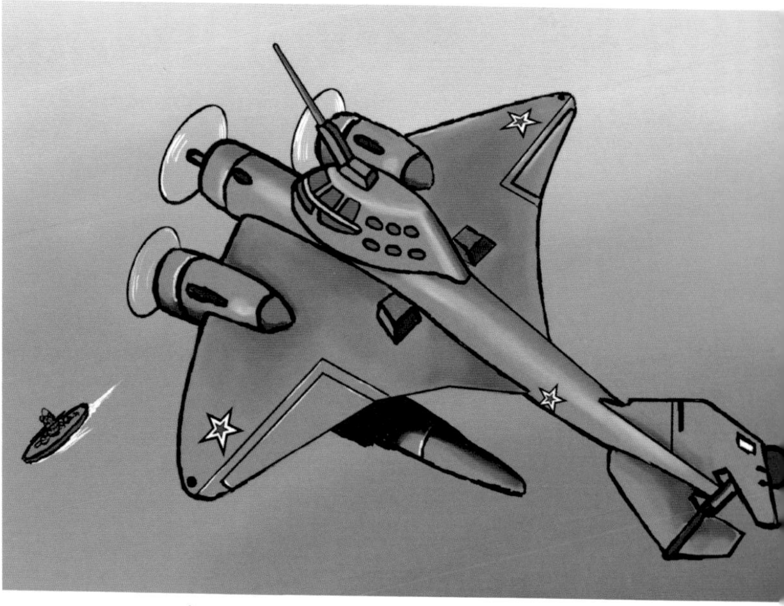

裝在前方的螺旋槳，
潛到海裡會變成
推進器。

小檔案

■全　長……約20m　■最大潛深……45m
■最大速度……185km/h　■武　裝……45.7cm魚雷×2

冰山航艦哈巴谷

用冰山做成的航艦，就算壞了也能馬上修好……

研製　英國

年代　1943年

由於是用冰塊做成的，
因此不會沉！
而且還很環保～
傑佛瑞・派克博士

小檔案

■全　長……約600m	■最大速率……18km/h
■排水量……200噸	■搭載機數……150架

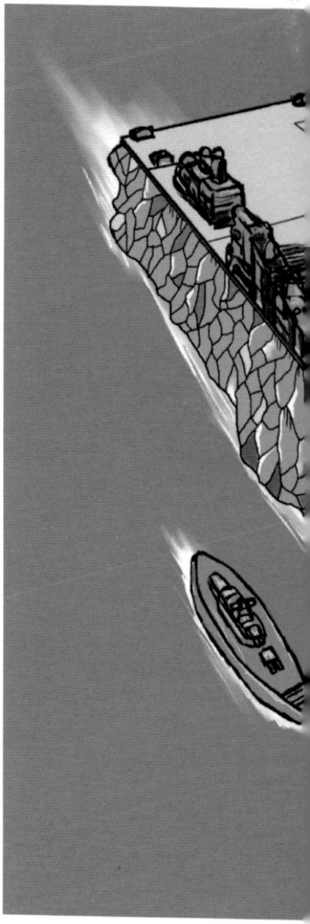

第二次世界大戰期間，同盟國苦於德國潛艦U艇的攻擊，一直在想辦法反擊。傑佛瑞・N・派克博士知道之後，便提出了一項驚人的計畫。**他想用冰山打造一艘巨大的航空母艦，稱為「冰山航艦哈巴谷」**。

這艘航艦全長約達600m，與其說是航空母艦，特性還比較像是一座人工島。它的材料幾乎都是使用冰塊，派克博士還用冰與木屑混合製成一種類似混凝土的「派克瑞特」素材，準備將它用在艦船上。雖然冰塊總會融解，但只要在內部裝設大量冷卻器，就能讓它維持艦船形狀，**即便遭到敵人攻擊，也能以凍結海水的方式進行修理，變成一種「絕對不會沉沒」的航艦**，是它的最大賣點。

美國、英國、加拿大很快就開始聯手推動這項計畫，但在試製之後，卻發現它在運用上必須耗費相當龐大的資金，因此計畫僅過1年就遭「凍結」。

圓形砲艦

砲彈打到哪裡，端看河水流向

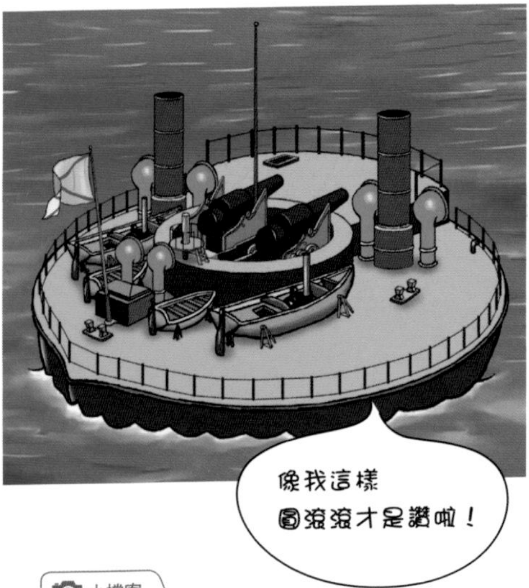

研製　俄羅斯帝國

年代　1870年代

小檔案

■全長……30.8m　■武裝……27.9cm砲×2

■排水量（正常）……2,531噸

在列舉世界上的怪軍艦時，必定會提到圓形砲艦諾夫哥羅德。一般船舶都是採細長形設計，但**這款軍艦卻把形狀做成正圓形**。

當物體是圓形時，漂浮於水面會比較穩定。俄羅斯帝國靈光一閃，造出這款能在大型河川上航行，砲擊地面目標，稱為諾夫哥羅德的圓形砲艦，預定以「砲艦」形式進行運用。

然而，由於船體做成圓形，**受到水流影響後便會一直轉圈圈**……。

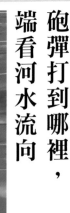

第 5 章

奇葩
飛天兵器

普頓保羅

想活命就別飛在老子後面！

研製：英國

年代：1937年

英國研製的無畏式戰鬥機，是一款因武器只能朝向後方射擊而聞名的戰鬥機。

英國認為若讓駕駛飛機的人與射擊機槍的人各司其職，就更能專注於各自的職掌，因此便把機槍集中配置於座艙後端，推出這款能以遼闊視野攻擊敵人的戰鬥機。

然而，**無畏式的機槍也因此會被座艙阻擋，無法朝向前方射擊**。除此之外，它為了加強火力，甚至配備4挺機槍，使得機體因此變得相當沉重，因此速度也比其他戰鬥機慢上一些。

第二次世界大戰爆發後，雖然它以最新銳戰鬥機的姿態與德軍戰鬥機交戰，但由於它的固有缺陷，導致一敗塗地。雖其名號「Defiant」帶有無懼挑戰的意思，但這項挑戰最後卻是以慘敗收場。

PS
不能向前射擊
根本毫無意義…
恕在下急流勇退！

小檔案

■分　類……戰鬥機　■全　長……10.77m　■最大航程……750km
■最大速度……489km/h　■武　裝……7.7mm機槍×4

XF5U（V173）

飛天鬆餅來襲！

研製
美國

年代
1944年

搞不好世界上
還真會出現
這種形狀的飛機？

小檔案

■分　類……戰鬥機　■全　長……8.57m　■最大航程……1,685km
■最大速度……765km/h　■武　裝……12.7mm機槍×6

飛機的機翼種類，有一種稱為圓盤翼的設計。將機翼做成圓盤形，就能擴大翼面積，使得機體容易騰空浮起。

XF5U是美國海軍研製的艦載戰鬥機，擁有這種形狀相當不可思議的圓盤翼、扁平的機身與機翼融合在一起，並有尾翼、座艙、螺旋槳向外突出。基於這副外觀，它被取了個「飛天鬆餅」的綽號。

雖然它的形狀嶄新、性能良好，可望馬上投入量產……原本是這樣預定的，但**XF5U可惜的地方在於它的研製時期——1944年，當時已有噴射機登場**，使得螺旋槳機不再具有研發必要性，因此XF5U的量產預定便告中止。

然而，如果它能早一點登場，那麼人們也許就能看到這種「飛天鬆餅」在戰場上大量穿梭的奇異光景也說不一定。

F-82雙胞野馬式

真不愧是美國，飛到一半還能休息

研製 美國

年代 1946年

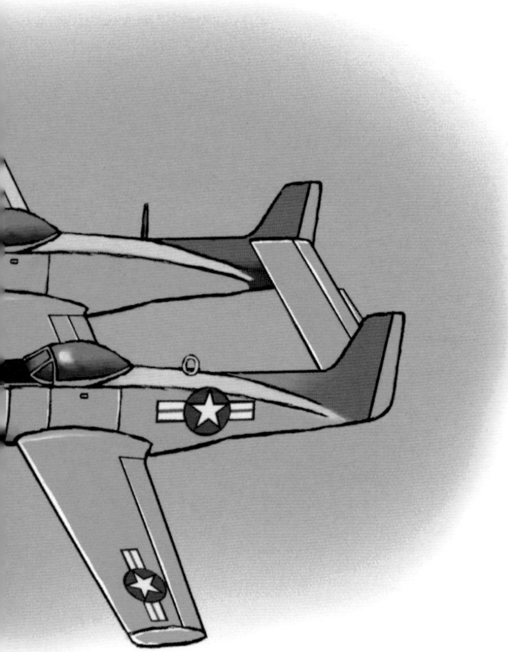

小檔案

■全　長……12.93m　■最大航程……3,540km

■最大速度……742km/h　■武　裝……12.7mm機槍×6

B-29戰略轟炸機會用來執行長程轟炸任務，而負責保護轟炸機的戰鬥機飛行員則必須在整趟航程獨自操縱飛機，相當辛苦。

有鑑於此，美軍為了減輕飛行員的負擔，就想研製一款**可由2人換班駕駛的戰鬥機**。最後端出的成果，就是**把兩架普通戰鬥機橫向連結在一起，做成一款看起來非常古怪的飛機**。

F-82雙胞野馬式是把兩架P-51野馬式戰鬥機透過機翼連結在一起的機型，座艙當然有兩個，其中一位飛行員稍事休息時，就由另一位飛行員繼續駕駛飛機。

雖然這樣的想法乍看之下頗為合理，但要把兩架戰鬥機直接連結在一起，實際上並沒有那麼容易。它不僅必須重新設計機翼，還得調整發動機，比打造一款普通飛機還要花費許多額外工夫。

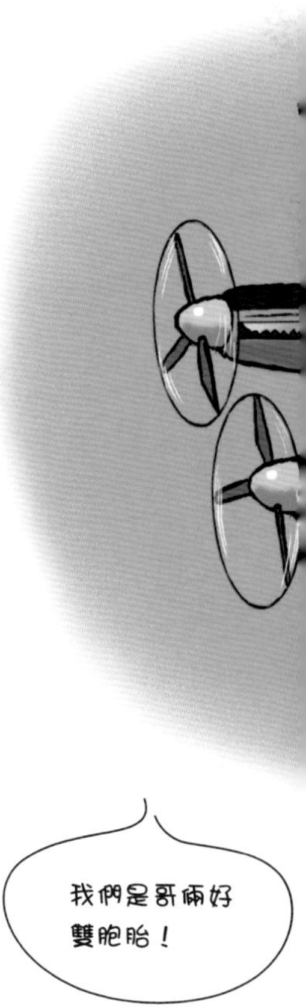

思提帕－卡普羅尼

噴射機的祖先只能直直往前進

研製 義大利

年代 1930年代

思提帕－卡普羅尼是1930年代義大利研製的實驗機。

這架飛機最大的特色，在於它的機身是做成粗短的圓筒形，看起來就像是**在捲筒衛生紙的筒芯上加裝座艙與機翼那樣**。之所以會如此設計，卻也有它的理由。

思提帕－卡普羅尼的機身中央開有一個偌大的空洞，裡面藏有發動機與螺旋槳。當螺旋槳轉動時，會帶動氣流往機身後方吹送，藉此獲得推動飛機前進的力量。然而，由於當時的技術沒辦法把螺旋槳縮得更小，因此才會變成這種造形。

事實上，**這款飛機的推進原理與噴射發動機接近，是一款頗為先進的機型***。雖然機體性能堪稱穩定，但**由於氣流只能向後吹送，因此只能往前直進，很難朝向左右轉彎**。

小檔案

■全　長……5.5m　■最大速度……不明
■最大航程……131km/h　■武　裝……無

*把螺旋槳用圓筒結構包覆起來的構想，在現代也有應用於氣墊船等載具上。

邁爾斯 蜻蜓式

這個怎麼看都是裝錯邊了吧

研製 英國

年代 1940年代

邁爾斯蜻蜓式是英國於第二次世界大戰期間製造的實驗機。

這款飛機的特色在於它那奇形怪狀的機體布局，**任誰看了都會覺得這應該是設計有問題**。其主翼有前後兩對，裝在前方的機翼有穩定機體的功用*。

蜻蜓式是一款測試串型翼的實驗機，如果獲得正式採用，預定會當作轟炸機使用。為此，它的機身就有設置裝掛炸彈用的艙室。除此之外，也有說法認為它其實是為了放在航空母艦上面運用而設計。

此機有推出M.35與M.39兩種構型，但它們都只停留在試製階段。

如果像新年玩的五官拼湊遊戲「福笑」那樣把飛機的各種部件亂擺一通，也許就能變出這種飛機也說不一定。

小檔案

■全　長……6.7m　■武　裝……20mm機砲×2
■最大速度……164km/h　※M.39B的諸元

＊像這種主翼構型稱作「串型翼」。

霍頓HO229

太早出生的匿蹤機

研製 德國
年代 1940年代

有一種飛機構型稱為「全翼機」，它沒有機身與尾翼，而是由巨大主翼構成整架飛機，現代只有B-2匿蹤轟炸機將之付諸實現。然而，**德國卻在第二次世界大戰打得火熱的時期，挑戰製作這種全翼機型**。負責接下這項任務的，就是哥哥瓦爾特與弟弟萊瑪這對霍頓兄弟。

霍頓HO229是由德國試製的全翼型匿蹤轟炸機，它的目標是要能掛載1噸炸彈、以時速1000公里飛行。之所以會選擇全翼構型，是為了減輕空氣阻力，讓速度盡可能提升。另外，**這款飛機也是世界首款匿蹤飛機，難以被敵方雷達偵測**。

然而，這款飛機因為德國於第二次世界大戰戰敗的關係而停止研製。由於它所採用的技術領先時代太多，所以沒能投入實用。

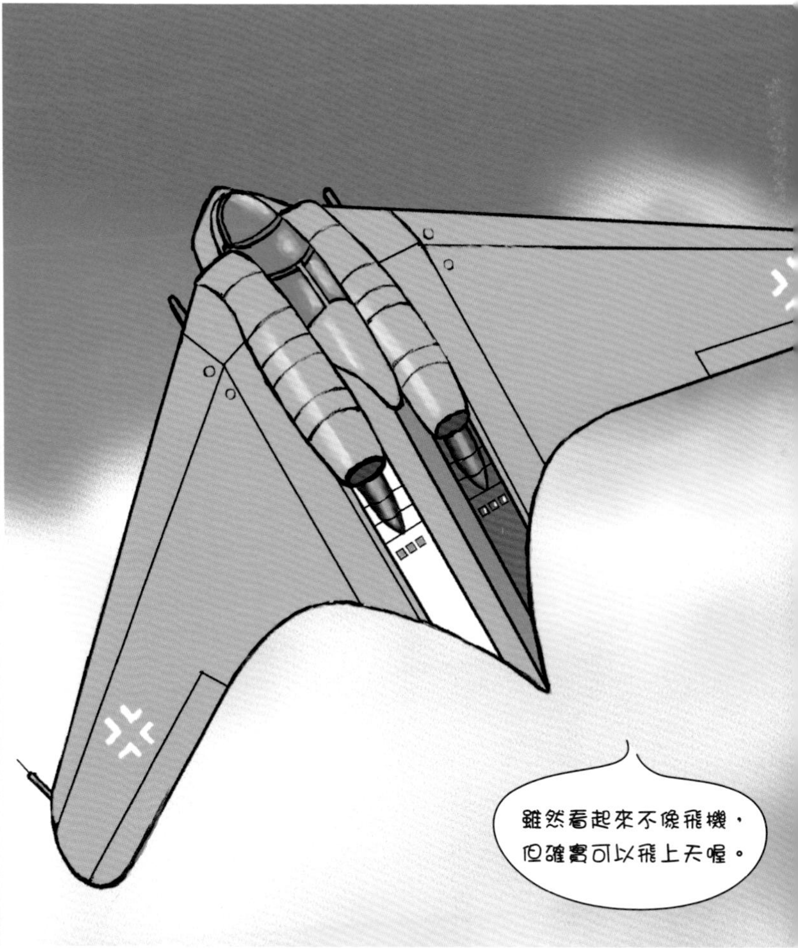
雖然看起來不像飛機，
但確實可以飛上天喔。

小檔案

■全　長……7.5m　■武　裝……30mm機砲×2

■最大速度……977km/h　■炸彈酬載量……500kg×2

迴轉驅動翼

飛是可以飛啦但要怎麼降落

研製　德國

年代　1940年代

迴轉驅動翼是一款第二次世界大戰期間由德國研製的機型，它不需跑道便能運用，可說是垂直起降（VTOL）機的原型。

這款飛機乍看之下是在3片主翼上裝設噴射發動機，但那其實不是主翼，而是1副巨大的螺旋槳。也就是說，**這款飛機是把螺旋槳裝在座艙後方，並與機身合而為一，透過噴射發動機使其旋轉，藉此讓飛機起飛**。

為何不直接利用噴射發動機推動飛機飛上天，而要執著於螺旋槳呢？

真要說起來，**這款飛機到底有沒有辦法順利飛天都是個大問題，而且還不知道要怎麼降落**。

由於諸如此類的問題堆積如山，因此它連原型機都沒造出來，隨著德國戰敗，此計畫也就宣告中止。

小檔案

■全　長⋯⋯9.15m　■武　裝⋯⋯30mm機砲×2
■最大速度⋯⋯1,000km/h

槲寄生

用後即丟的飛機型炸彈

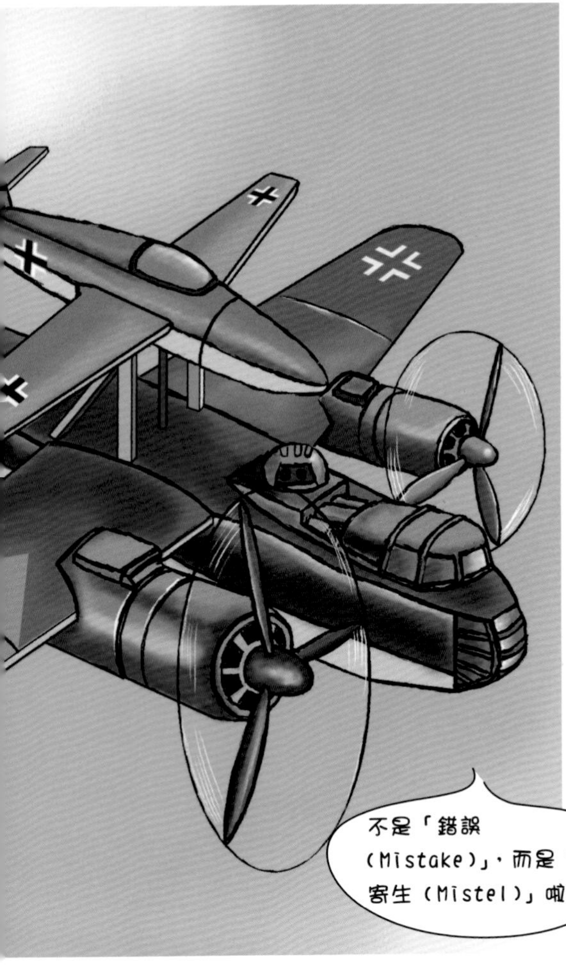
不是「錯誤(Mistake)」，而是「槲寄生(Mistel)」啦！

研製 德國

年代 1944年

小檔案

■製　造……約250架　■酬載炸彈……1.8噸

槲寄生指的是二次世界大戰後半由德國製造的飛機炸彈。

一般炸彈在投放之後，理應會朝向目標落去，但如果風勢太強，卻也常會錯失目標。

有鑑於此，德國便想出一種系統，**讓炸彈可以自動飛向目標**，這種方法就是「**把飛機直接改造成炸彈**」。

槲寄生是把戰鬥機與轟炸機垂直連結在一起，飛行員乘坐於上方的戰鬥機內，於戰場投下底下掛的轟炸機。這架轟炸機的內部裝滿炸彈，投下之後會朝向目標飛行，並且慢慢往下落去。

由於這就像是顆長了翅膀的炸彈，因此應該會比較容易命中，但**實際上因為轟炸機過於沉重的緣故，使它在戰場上沒有太多餘裕能夠順利投下炸彈**。雖然這種發想本身很接近現代的飛彈，不過槲寄生並沒有發揮太大的作用。

充氣飛機

只是裝上翅膀的氣球，一旦破洞就會墜落

家家戶戶來1架，
氣球飛機！

小檔案

■全　長……5.97m　■最大航程……708km
■最大速度……113km/h　■武　裝……無

研製 美國
年代 1990年代

氣球能飛上天，美國曾經製作過一款宛若氣球的充氣式橡膠材質飛機。

飛機要能隨時飛上天，其實相當費工夫。而要讓氣球飄起只要打入空氣即可，不論身在何處都能操作。飛完之後，只需放掉空氣，就不必擔心沒有地方放，想帶著走也免煩惱。

然而，這款飛機最大的缺點，就是它的機身強度。**由於它本來就是顆氣球，只要破了個洞就會整個癟下去。**最後，它只完成試製便告中止。

奇葩度 ☹☹☹

SNCAO ACA－5

做成像曼波魚那樣又圓又扁會飛比較快嗎？

研製 法國
年代 1944年

怎麼搞的
才會變成
這種形狀啊？

小檔案

■全　長……7.1m	■最大速度……不明
■全　高……4.5m	■武　裝……不明

第二次世界大戰即將結束時，法國設計出了這款飛機。

此機的特色在於**機身宛若曼波魚般又扁又細**，把機身收細，就能減低空氣阻力，應該能夠藉此提升速度。它只有座艙往前突出，主翼、尾翼、螺旋槳全都配置於後方。

由於這款設計實在是太過奇葩，因此計畫在模型製作完成階段便旋即中止。**從計畫訂立到喊停，只經過2個禮拜的時間。**

XF-85哥布林式

自母機切離後始能作戰的小戰鬥機

研製 美國

年代 1948年

戰略轟炸機要有航程較長的戰鬥機伴隨護衛，為了解決問題，曾出現前面提過的雙胞野馬式。然而，進入噴射時代之後，轟炸機的航程進一步延長，連戰鬥機也無法跟上。

美國因此想出**讓轟炸機（母機）直接掛載戰鬥機（子機），到了戰場再把它放下去，是為「子母戰鬥機」計畫**。雖說如此，由於轟炸機一般掛載的是炸彈，如果不把戰鬥機做成像炸彈那樣圓滾滾，就會裝不進轟炸機的炸彈艙。因此而誕生的就是XF-85哥布林式這款別緻的戰鬥機。

然而，這也出現一個問題——要怎麼將戰鬥機回收至轟炸機。哥布林式在座艙前方裝有1根桿子，預計要以勾住轟炸機回收桿的方式與母機重新結合。然而，**想要在極不穩定的空中讓機體勾住吊桿，必須具備非常高超的技巧，再加上它的性能連平庸都稱不上，因此最後未獲採用**。

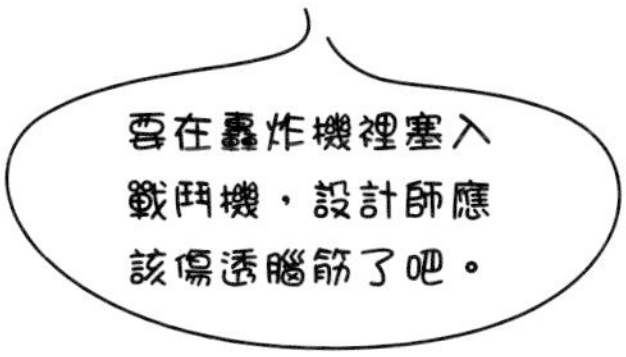
要在轟炸機裡塞入
戰鬥機，設計師應
該傷透腦筋了吧。

小檔案

■全　長……4.5m　■全　高……2.5m
■最大速度……1,069km/h　■武　裝……12.7mm機槍×4

XFY-1 彈簧單高蹺式

研製 美國
年代 1954年

因為看不見地面所以沒辦法降落

不需使用跑道，可以垂直起降的飛機稱為VTOL機。雖然在現代有投入實用，但研發卻花了相當長的時間，XFY-1彈簧單高蹺式則為美國最早的VTOL機之一。

現代的VTOL機會透過改變噴射發動機噴嘴方向來進行起降或飛行，但由於1950年代尚未具備這種技術，因此就打造出**「先把飛機直立架設，飛上天後再改平飛」**的VTOL機*。

彈簧單高蹺式有4片大型機翼，看起來像顆飛彈，機身形狀也做成直立形式（飛行員會利用梯子登上飛機）。雖然起飛與飛行還算順利，但問題在於它要如何降落。

降落時，此機除了必須在空中將機身從橫向轉回縱向，飛行員在著陸過程中也完全看不見地面，根本強人所難，因而中止開發。

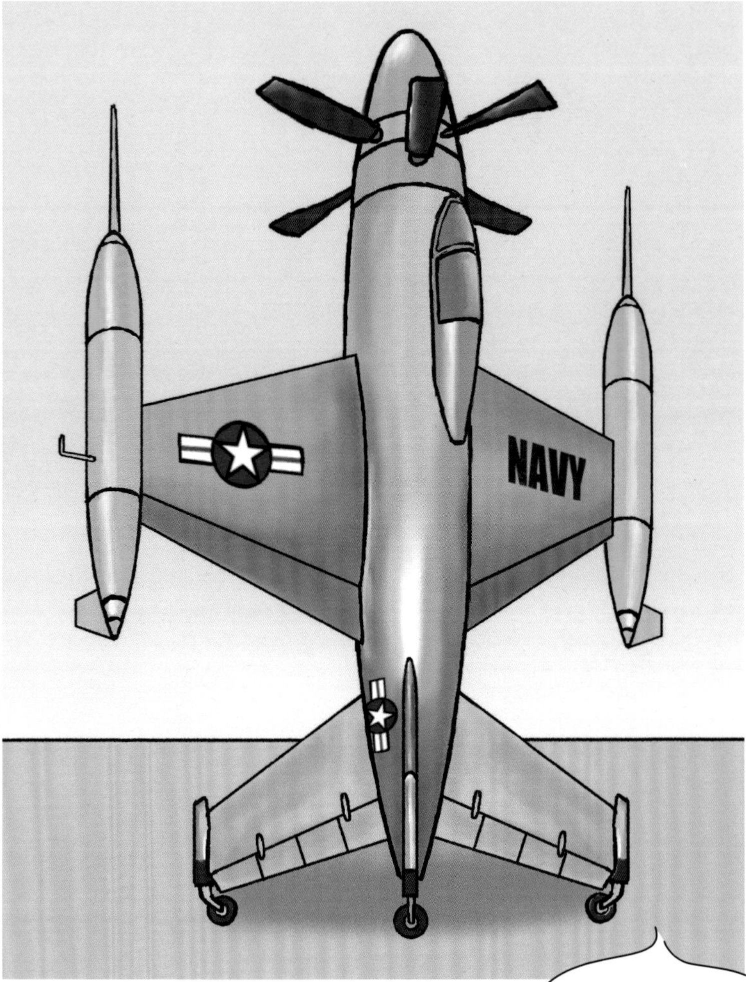

小檔案

■全　長……10.6m　■武　裝……20mm機砲×4

■最大速度……763km/h

飛行員
要爬梯子登機。

 ＊這種機體構型稱為「尾立式」。

C450甲蟲式

讓人坐在發動機上，宛如火箭的飛機

反正是實驗機，
形狀無所謂？

小檔案

■全　長……8m　■最大航程……不明
■最大速度……不明　■武　裝……無

研製 法國
年代 1959年

1950年代是個大量進行垂直起降（VTOL）機實驗的年代。

這款飛機的設計，是在一具大型噴射發動機的前端裝設一個小型座艙，**與其說是飛機，看起來還比較像火箭**。它裝有4片小型尾翼與4組機輪，因此姑且稱得上是飛機。

此機起飛時也會像火箭那樣架設於發射台上，雖有進行過9次試飛，但由於實在無法發揮飛機應有的性能，因此實驗便告結束。

奇葩度 ☹☹☹

德拉納10C2

法軍想出來的怪飛機，吸引了德軍關注

研製 法國、德國

年代 1940年

作為飛機，
性能也太差了吧！

小檔案

■全　長……7.3m ■最高速度……550km/h

■武　裝……20mm機砲×1、7.5mm機槍×4

德拉納10C2是由法國的馬塞爾・德拉納博士打造的飛機。它有前後兩副主翼，光看上去就非常不協調，且**位於機尾的座艙也幾乎看不見前方**，實在是款相當奇葩的飛機。

法國在第二次世界大戰開打後不久宣告投降，這架飛機原本預定要銷毀，但**由於造型實在太過別緻，反而引起德軍的興趣接手研製工作，後來甚至成功飛上天**。然而，最後結果仍不得而知。

BV141
BV P.202
視野很棒，最適合偵察

研製 德國
年代 1938年

雖然一般不會特別去注意，但將飛機設計成左右對稱，就常理來說是很自然的事情。要說原因，當然就是因為如果不做成那樣的話，就會失去平衡而墜毀。然而，**卻有一位工程師非常執著於打破常識，堅持設計「非對稱」的飛機**。他就是德國的理查·伏格博士，由他設計的機型，最有名的就是BV141。

BV141的發動機與座艙採分離配置，看起來非常詭異。之所以會設計成這樣，是為了打造「視野良好的偵察機」。的確，做成這種造形，視野就不會被發動機擋住，可以看得比較開闊。

至於眾人擔心的性能問題，**實際試飛之後，居然超乎想像地穩定，能在天空輕快翱翔，令相關人員大感吃驚**。雖然BV141最後沒有獲得採用，但伏格博士活用這次的經驗，持續設計出一連串造形嶄新的飛機。

理查・伏格博士

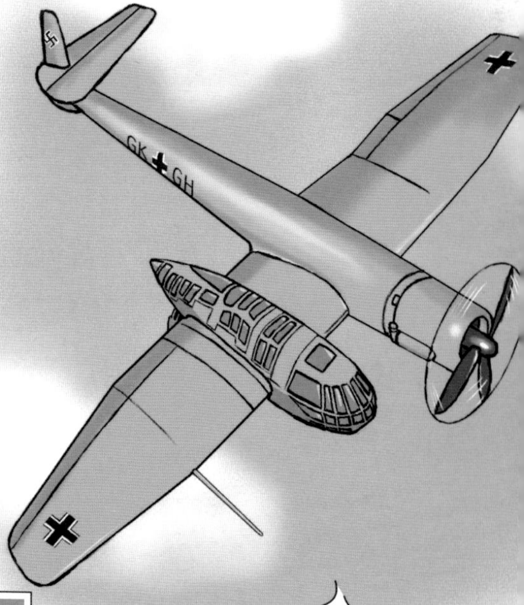
翅膀居然是
做成斜的？
雖然有飛成功，
但最後因為發動機
不順而未獲採用…

BV P.202

小檔案

■全　長……13m ■最大航程……1,900km

■最大速度……438km/h ■武　裝……7.92mm機槍×2

BV P.111
BV P.163
到底是為什麼要刻意歪這樣？

總而言之，
一定要做成
非對稱就是了。
BV P.111

研製
德國
年代
1940年代

伏格博士設計的飛機，有實際飛行的是BV141，但博士其實還有提出許多其他計畫案，以下就挑其中幾個來介紹。

這款飛機稱為BV P.111，它的前後部位是以左右錯開的方式配置。**如果把飛機從正中間切成兩段，大概就會變成這種形狀吧**。它的性能究竟如何，實在是無從得知，真要說起來，它能不能真的飛上天去都還是個問題。由於它的形狀實在是太過詭異，因此人們才會有這樣的疑問。

最後，就讓我們來看看伏格博士想出的

把人員配置在翼尖，真有辦法飛上天嗎？

讓飛行員與射手
分開配置，
這不就無畏式嗎？

BV P. 163

飛機當中，構型最奇葩的一款吧。

這款BV P.163乍看之下好像沒有配備駕駛艙，那人到底要坐在哪裡呢？答案居然是在**機翼兩端**。把駕駛艙配置在這麼奇怪的地方，飛行員真的有辦法順利操控飛機嗎？**它的主翼向左右兩側展開，翼尖各裝有一組座艙，左側負責駕駛，右側負責射擊機槍**。即便這款飛機真有辦法飛上天，飛行員真的受得了嗎？

李比希P.13a

把紙飛機倒過來，然後裝上噴射發動機

這種形狀的機翼
稱為「三角翼」

小檔案

- 全　長……6.7m
- 最大航程……1,000km
- 最大速度……1,650km/h
- 武　裝……不明

研製 德國

年代 1944年

除了伏格博士之外，德國還有許多航空工程師。接著要介紹的則是亞歷山大・李比希博士設計的李比希P.13a。

這款機型是德國於1944年打造的小型飛機，造形非常簡潔，只是**在噴射發動機上裝設三角翼**而已，座艙配置於尾翼內部。為了節省資源，**燃料並非使用汽油，而是使用煤炭**。當眾人都懷疑它是否真能飛上天時，試飛展現出的性能卻意外相當穩定。

第6章

奇葩
生物兵器

鴿子計畫

飛彈怎麼飛，問問鴿子先

研製 美國
年代 1940～50年代

雖然鴿子是和平的象徵，但在很久以前軍隊就會使用飛鴿傳書來進行連絡，因此牠與戰爭也不能說是毫無關聯。在這當中，**甚至還有鴿子曾經被用來當作飛彈的導引裝置**。

美國的知名心理學家伯爾赫斯・F・史金納曾想出一種利用野鴿來導引飛彈飛向目標的機制。野鴿是在公園隨處可見的普通鳥類，史金納訓練這些鴿子，讓牠用鳥喙去啄螢幕顯示的目標。**把這種裝置放入飛彈之後，只要鴿子一啄螢幕，飛彈就會變更軌跡，藉此飛向目標**。

此專案稱為「鴿子計畫」*，一度展開研究，但卻中途喊停。這是因為用於飛彈的電子儀器進展迅速，沒有必要再特意仰賴鴿子。留在史金納身邊的僅有失去用途的鴿舍，以及**大約40隻精神飽滿的野鴿**。

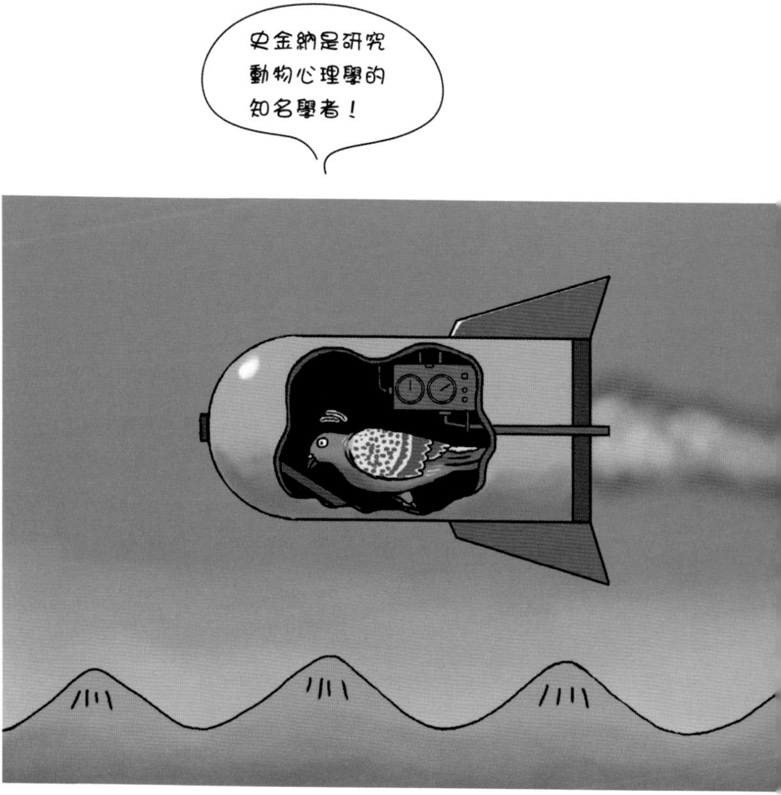

小檔案

■名　稱……野鴿　■體　長……約30cm
■分　類……鴿形目鳩鴿科　■分　布……全世界

＊原文為「Project Pigeon」，後來改名為「Project Orcon」。

火雞降落傘

不損傷貨物，小心輕放的火雞

就不會飛，
還要被當成
降落傘。

小檔案

■名　稱……火雞　■分　布……北美洲
■分　類……雉科火雞屬　■尺　寸……約1m

研製 西班牙
年代 1930年代

火雞是棲息在北美洲的鳥類，是一種不會飛的鳥。雖然牠不會飛，但卻曾經被當成降落傘來使用。在西班牙那種多山地形，如果使用普通降落傘，容易撞到地面，讓補給品受損。

為了解決這個問題，有人就想到要把補給品綁在火雞身上，讓牠從天而降。**火雞被推下飛機後，會拚命拍動翅膀以免撞擊地面，使牠的落地速度能夠減緩**，比普通降落傘還要穩定。

奇葩度 😟😟

蝙蝠炸彈

有必要特地掛著炸彈躲進人家家裡嗎？

小檔案

■名　稱……墨西哥游離尾蝠　■體　長……約5cm
■分　類……翼手目游離尾蝠科　■分　布……美國德克薩斯州

研製　美國
年代　1940年代

美國曾經想利用蝙蝠攜帶一種炸彈——「燒夷彈」，爆炸後會猛烈燃燒，引發火災摧毀目標。

夜行性的蝙蝠，具有天亮之後躲入陰暗場所的習性。利用這種習性，在蝙蝠身上掛載配備定時裝置的燒夷彈，在天亮之前自轟炸機投下。**等天一亮，蝙蝠就會躲入民宅的各個角落，待炸彈定時引爆後，就能把房子燒毀**。由於後來發現根本沒有必要如此大費周章，因此計畫便告中止。

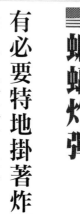

佛伊泰克下士

一個熊熊出任務的故事

研製
波蘭

年代
1940年代

小檔案

■名　稱……敘利亞棕熊　■分　布……中東
■分　類……熊科熊屬　■尺　寸……約180cm

戰爭結束後，
送至動物園
度過餘生…

敘利亞棕熊佛伊泰克是一隻**在第二次世界期間隸屬波蘭軍的熊戰士**。

當牠還是隻小熊時，被波蘭軍第22彈藥補給連的士兵收養，成為部隊最受歡迎的吉祥物。牠最喜歡啤酒與香菸，但因為沒辦法抽菸，所以會直接嚼食。

後來部隊被派往義大利作戰，此時便產生一個問題。由於佛伊泰克是隻動物，因此不在乘船名單上，沒辦法跟著部隊一起上船。

有鑑於此，**軍方便徵用了佛伊泰克，並且賦予下士*軍階，讓牠能以「戰士」身分跟著部隊前往義大利**。

佛伊泰克下士成功入伍之後，便跟著來到義大利，在戰場上從事搬運彈藥的任務。**即便山岳地帶崎嶇難行，但牠仍能克盡己職，不曾弄掉彈藥箱，持續與同袍並肩奮戰。戰爭結束時，牠也順利全身而退**。

戰後，佛伊泰克被送往英國的愛丁堡動物園度過餘生，牠所隸屬的第22彈藥補給連也把隊徽設計成扛著彈藥的佛伊泰克圖案。

*陸軍中比一般士兵稍高一點的階級。

軍用海豚

在軍事方面也與人類關係匪淺

研製
美國
俄羅斯

年代
1960年代～現在

說起寬吻海豚，就會令人想到海豚秀，牠們是一種聰明的動物，與人類關係匪淺。事實上，**海豚也會被應用於軍事目的**。

雖說如此，軍用海豚的任務卻也不是要去把船弄沉。牠們最具代表性的任務，就是前去拯救在水下遇難的潛水員。**由於海豚體型比人類要大，且又擅長游泳，因此可以把潛水員頂在背上將其救起**。

另外，牠們也會從事稍微比較危險的任務，例如**尋找水雷**。水雷是一種布放在海中的炸彈，用來摧毀敵船。海豚可以找出這些水雷，讓士兵去處理它們。

在美國與俄羅斯都有將海豚用於軍事目的研究。而俄羅斯在1990年代便中止，但美國時至今日仍持續進行。由於新型兵器與感測器的發展都有長足進步，不再需要依賴海豚，因此海豚應該很快就可以擺脫戰爭，重新悠游於和平的大海。

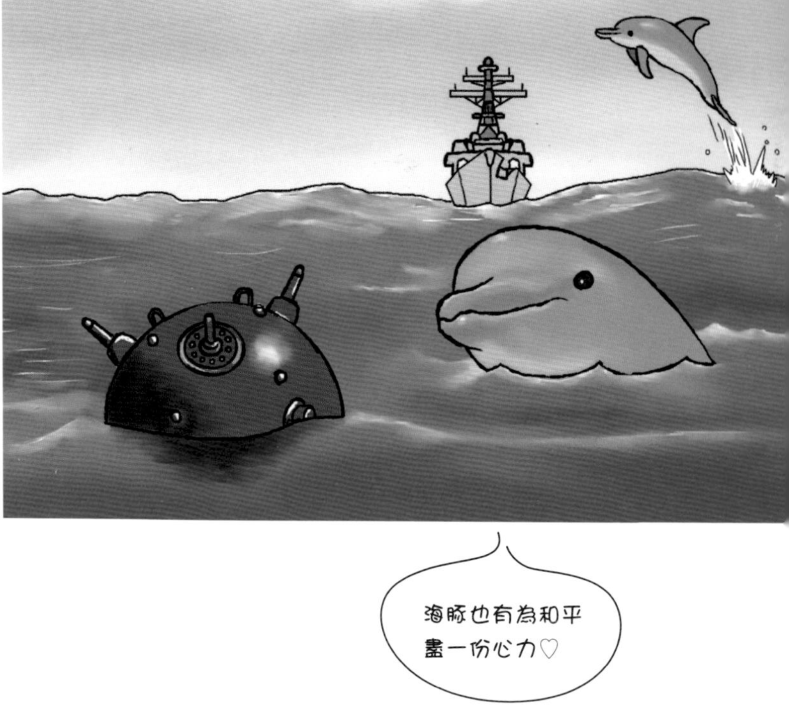
海豚也有為和平
盡一份心力♡

小檔案

■名　稱……寬吻海豚
■體　長……約3m～4m
■分　類……偶蹄目鯨下目海豚科
■分　布……全世界

藍孔雀計畫

此彈非彼蛋，別讓雞去孵核彈！

到底為什麼
會把腦筋動到
雞頭上啊……

小檔案

- 分　類……雉科雉亞科原雞屬
- 體　重……約2～3kg
- 尺　寸……約1.8cm
- 分　布……全世界

研製　英國

年代　1950年代

冷戰時期，英國為了防備蘇聯進攻歐洲，曾想在德國部署「核子地雷」——把核子彈預先埋入地底然後再加以引爆。但由於引爆裝置難以耐受嚴寒，因此英國就想了個破天荒的辦法解決問題——**把活生生的雞放進核子地雷當作保溫手段**。由於設計成埋設之後約1週就會引爆，因此還準備1週份的飼料與水供雞隻存活。然而，在他國埋設核子武器本身就是個大問題，因此計畫宣告中止。

奇葩度

DragonflEye計畫

蜻蜓是無人機的老祖宗

小檔案

■名　稱……蜻蜓	■體　長……約40mm
■分　類……蜻蛉目	■分　布……全世界

研製　美國

年代　2010年代～現在

無人機在現代已相當普及。在美國，甚至還有把**蜻蜓用於無人機的計畫，稱為「DragonflEye計畫」**＊。

蜻蜓不僅可以在空中懸停，還能迅速移動，翅膀構造相當特別。由於牠的體型很小，不易被敵人發現，因此就有人想到要**在蜻蜓身上加裝超小型攝影機，讓牠充當人類的「眼線」**。裝在蜻蜓身上的操控裝置會發出光線，讓牠有所反應，藉此進行遙控，可說是無人機的老祖宗。

＊這是由英文的蜻蜓「Dragonfly」與眼睛「Eye」結合而成的辭彙。

後記

兵器的研製，並不只是單純追求強大性能即可。研發兵器時最重要的事情，依序為①容易製造②容易使用③強大。

即便能夠造出再怎麼強大的兵器，光靠單一裝備也是無法打贏戰爭。反之，就算兵器性能沒有真的很強，只要能夠大量生產容易製造、容易使用的兵器，那就能讓戰爭朝有利方向進展。

這些奇葩兵器，並不是從一開始就打算做成如此「奇葩」。當時的工程師與發明家都是想方設法要做出更好的兵器，所以才會出現這些點子。

然而，在這些「奇葩兵器」當中，有許多都欠缺「容易製造」或「容易使用」的條件。

有些兵器雖然是個好點子，但設計卻很糟糕；有些則是過於追求最新技術，最後導致失敗；有些兵器更是只求最強，並未考慮如何製造。這些「奇葩兵器」的歷史，都會充分反映在現代兵器的研製工作上。

有戰爭的地方就會出現怪兵器；一邊遙想那些生於戰爭的「奇葩兵器」，一邊在此擱筆。

十劃

十二劃

十三劃

十四劃

十五劃

十六劃

十八劃

索引

STAFF

企　　劃：MIHO（BALZO）
世界兵器史研究會：古田和輝、伊藤明弘、佐野之彦
插畫：ハマダミノル
設計：おおつかさやか
出版協力：中野健彦（ブックリンケージ）

ZANNEN NA HEIKI ZUKAN
© Akihiro Ito 2019
First published in Japan in 2019 by KADOKAWA CORPORATION, Tokyo.
Complex Chinese translation rights arranged with
KADOKAWA CORPORATION, Tokyo through CREEK & RIVER Co., Ltd.

奇葩兵器圖鑑
69種令人哭笑不得的怪設計

出　　　　版／楓樹林出版事業有限公司
地　　　　址／新北市板橋區信義路163巷3號10樓
郵 政 劃 撥／19907596　楓書坊文化出版社
網　　　　址／www.maplebook.com.tw
電　　　　話／02-2957-6096
傳　　　　真／02-2957-6435
作　　　　者／世界兵器史研究會
翻　　　　譯／張詠翔
責 任 編 輯／林雨欣
內 文 排 版／洪浩剛
港 澳 經 銷／泛華發行代理有限公司
定　　　　價／350元
出 版 日 期／2024年1月

國家圖書館出版品預行編目資料

奇葩兵器圖鑑：69種令人哭笑不得的怪設計
／世界兵器史研究會作；張詠翔譯. -- 初版.
-- 新北市：楓樹林出版事業有限公司,
2024.01 面；　公分
ISBN 978-626-7394-30-4（平裝）

1. 兵器

595.5　　　　　　　　　　112020595